美しき捕食者(プレデター) サメ図鑑

監修 ● 田中 彰 Sho Tanaka

実業之日本社

Prologue サメ ───
七つの海に君臨する美しき捕食者

ミクロネシアの海中を泳ぐオグロメジロザメの群れ。

最近、サメに関する図鑑をよく見かけるようになった。

　今から約40年前の昭和51年2月にサメ研究の第1人者であった谷内透先生が『鮫 the SHARKS』という図鑑を出版した。その当時はサメの恐怖映画『JAWS』が放映された直後で、日本においてもサメに対する印象は悪者めいた強烈なものになってきたが、この本にはサメの真実の姿が描かれていた。

　現在でも海水浴場付近に小型のサメが出現しただけで遊泳禁止の御触れが出ることがある。この40年の間にサメに対する印象はどのように変化してきたのであろうか？

　サメに対する情報がなければ印象は変化しない。だから、近年のサメに関する書籍の出版は、一般の方々がサメの真実の姿を理解する上で好ましいことである。

　サメと言っても『JAWS』の主役で人食いザメとして恐れられるホホジロザメ、最も大型な魚であるジンベエザメ、胸ビレや腹ビレを使って歩くようなしぐさをするマモンツキテンジクザメ、水族館でおなじみのサザエワリことネコザメ、卵殻のなかに幼魚が見られるナヌカザメ、撞木状の頭を持つアカシュモクザメなど世界には500種以上の種が生息している。

　彼らは沿岸の浅海域から外洋の深海域まで様々なところに生息し、時として河口の汽水域から淡水域においても出現することがある。このような多様な環境に

プロローグ

頭部を海面に出し、鋭利な歯をのぞかせるホホジロザメ。

空腹状態のイタチザメが、金属板にくらいつく。

生息するとともに、その外観も一様ではない。高速遊泳に適した流線型のアオザメ、尾ヒレが体の半分にも及ぶマオナガ、扁平でエイのような形のカスザメ、背ビレが一つでウナギのような形のラブカ、暗黒の深海に棲む真っ黒なユメザメなど、彼らの生態に見合った容姿を持っている。これらの生息場、形態、生態は、地球上の環境の変化とともに彼らの長い進化の過程で得られたものである。

　種が絶滅することなく生きながらえるためには「どのように生き残り、子供を残すか」という大きな命題を、生物は常に持ち続けている。自然界の掟である「食う−食われる」関係において、「生き残り」にはいかに餌をとらえるか、いかに餌にならないかが重要な課題なのだ。

　一方、それだけでは存続することはできない。サメのように有性生殖をする生物は、両親から雌雄各1個体ずつ生残していければ理論的には絶滅しない。しかしながら、自然界の掟のなかではそのようにうまくいかない場合もある。そのために大きな強い子供を産んだり、たくさんの卵を産んだりして、子孫を残している。

　本書のChapter 1「サメ図鑑」では、その捕食方法と食べ物に焦点を当てながら、世界に生存している約500種のサメのうち66種のサメのプロフィールを記載している。

　近年、水中映像や潜水・飼育観察によりこれまで知られてこなかったサメの

大量の水とともにプランクトンを飲み込む巨大なウバザメ。　　　　　　　摂餌行動中のジンベエザメ。強力な吸引力で海水もろともプランクトンを大量に捕食する。

ダイナミックな捕食方法がわかってきた。水中深くから陰影を頼りにして大型動物に一直線に突き進んでアタックする映像や、魚の群れに高速で襲いかかる映像などにより、「食う-食われる」関係のなかで生死をかけた攻防の一断面が明らかになってきている。「食う」という本能に根付いた行動には、各種の生態的特徴が色濃く映し出される。

　また歯の形からサメがどのような餌を食べるのかも知ることができる。切り裂く歯、突き刺す歯、すり潰す歯など、種により様々な歯を持っている。その歯も各サメごとに示してあるので、餌となる生物を想像しながら本書を読むと、捕食シーンを想い巡らすことができるかも知れない。

　Chapter 2「サメ学」では、約500種いるサメのなかから、ホホジロザメを中心に、サメについて知っておきたいことを記載している。

　サメはどのように分類されるのか、どのような体のつくりをしているのか、一体いつの時代に出てきたのか。これらのことはサメの系統や類縁関係を理解する上で役立つ知識である。一方サメの生態に関しては食性、行動、生息場、天敵、繁殖、寿命などの項目を参照するとよい。サメは高次捕食者として下位の生物を捕食しているが、捕食される生物はその生物群のなかでも弱い存在だと言える。自然界では弱いものは淘汰され、強く健全なものだけが生き残る。人に恐れられているホホジロザメでも、海という大自然

プロローグ

オットセイを捕えたホホジロザメのジャンプ。南アフリカ共和国サイモンズタウンのフォルスベイ沖に浮かぶシール・アイランドには、オットセイのコロニーが形成される。この島に棲息するオットセイを狙ってホホジロザメが出没し、たびたび豪快なジャンプを見せる。

の中ではちっぽけな存在であり、また海の生態系を維持する上では大きな役割も持っている。このChapterを読むことにより、それがおわかりいただけると思う。

地球は水の惑星と呼ばれ、地球表面の71％が海で覆われている。海のなかでは多様な環境が形成され、870万種にも及ぶ多種多様な生物が生息している。

一方で年間4万種の生物が絶滅していると言われている。その要因は人為的な行為に大きく依存している。サメもまた漁業の対象種・混獲種であり、世界で約80万トンの漁獲量が報告されている。サメは捨てるところがないといわれるほど、肉、皮、骨、肝臓などすみずみまで利用できる。特にフカヒレは中華料理に欠かせないもので、高価に取引されている。

しかしながらヒレのみを採取して体を捨ててしまうという資源の無駄遣いが問題視されてもいる。国際自然保護連合（IUCN）の2015年のレッドリストでは、ごく近い将来に野生での絶滅の危険性がきわめて高いとされるCR（環境省・絶滅危惧IA類）のカテゴリーに含まれるサメは10種および、同様に近い将来に絶滅の危険性が高いとされるEN（環境省・絶滅危惧IB類）のカテゴリーには14種が含まれている。サメと言えば凶暴性の中にスマートさ・強さがあり、非常に魅力的な動物である。そのような動物が身近に出ると恐れられるが、考えを変えると身近に出る環境は自然が残る健全な環境ともいえる。

様々な生物が棲む地球は73億人の人類のみの星ではない。我々は多くの生物から恩恵を受けている。食料、資材、さらに薬の原料などの直接的な利益を受けるとともに、環境浄化・調整や文化的な生態系サービスも受けている。サメというある動物群に興味を持ち、その動物を理解しようとすることにより、地球・人についても理解できるようになる。自然界の掟である「食う－食われる」関係の、高次に位置するサメの本性が描かれた本書を楽しんでいただければ幸いである。

2015年12月　暖冬の清水にて
田中　彰

美しき捕食者 プレデター サメ図鑑 もくじ

Prologue
サメ——
七つの海に君臨する
美しき捕食者 ………………… 2

Chapter 1
サメ図鑑 ………………… 13
大海に君臨する66の捕食者たち

◉ ネズミザメ目

ホホジロザメ	14
アオザメ	18
ウバザメ	20
ネズミザメ	22
シロワニ	24
ミツクリザメ	26
メガマウスザメ	28
マオナガ	30
ハチワレ	32

◉ メジロザメ目

オオメジロザメ	34
イタチザメ	38
ヨゴレ	42
カマストガリザメ	44
ヤジブカ	46
オグロメジロザメ	48
ガラパゴスザメ	50

ペレスメジロザメ	51
ニシレモンザメ	52
ネムリブカ	54
ヨシキリザメ	56
ツマグロ	58
ツマジロ	60
ナヌカザメ	62
トラザメ	64
タテスジトラザメ	65

ホシザメ	74
シロザメ	75
シロシュモクザメ	76
アカシュモクザメ	78
ウチワシュモクザメ	80
ヒラシュモクザメ	82

◉ ネコザメ目

ネコザメ	84
ポートジャクソンネコザメ	85

◉ ネコザメの仲間

オデコネコザメ	86
カリフォルニアネコザメ	86

◉ カスザメ目

カスザメ	88

◉ カグラザメ目

ラブカ	90
エビスザメ	92
エドアブラザメ	93
カグラザメ	94

◉ トラザメの仲間

ナガサキトラザメ	66
ヨーロッパトラザメ	66
コクテンサンゴトラザメ	67
ニホンヤモリザメ	67
タイワンザメ	68
ドチザメ	70
カリフォルニアドチザメ	72

◉ ツノザメ目

ニシオンデンザメ	96
フトツノザメ	98
ヒゲツノザメ	100
アブラツノザメ	102
オキコビトザメ	104
ヨロイザメ	105
ダルマザメ	106
ユメザメ	108
フジクジラ	109
オロシザメ	110

◉ ノコギリザメ目

ノコギリザメ	112

◉ テンジクザメ目

ジンベエザメ	114
コモリザメ	118
オオテンジクザメ	119
シロボシテンジク	120
マモンツキテンジクザメ	122
トラフザメ	124
アラフラオオセ	126
クモハダオオセ	128

Column

サメ映画 ─────────────────── 17
恐怖を疑似体験できる銀幕のサメたち

サメに襲われたら? ─────────── 37
これを知っておけば慌てない？海でサメに襲われたときの対処法

サメグッズ ─────────────── 41
サメマニアにはたまらない！サメグッズでサメだらけの私生活

世界の偽ザメ ─────────────── 83
サメのようでサメでない、紛らわしいヤツら

サメに出会える主な水族館 ─────── 87
海中最強の捕食者に見とれる21の場所

サメと泳ぐ ─────────────── 117
サメと泳ぐことができるダイビングスポット

Chapter 2

サメ学 ─────────── 129
ホホジロザメで読み解くサメの生態

サメの種類と見分け方 ─────────── 130
500種を超えるサメは、どのように分類されているのか？

徹底図解！ホホジロザメ ― 132
海の王者ホホジロザメから、サメが持つ驚きの能力を探る！

ホホジロザメの歯 ― 134
ベルトコンベアのように次々と供給される鋸歯縁を持つ三角形の歯

サメの泳ぎ方 ― 136
やわらかな軟骨と推進力を支える体側面の筋肉とヒレ

ホホジロザメの進化と歴史 ― 138
約4億年前に登場し、多様な進化を遂げたサメの祖先

ホホジロザメの餌 ― 140
ホホジロザメはいったい何を食べているのか？

ホホジロザメの捕食方法 ― 142
餌の種類に応じて変化する狩りの戦術

サメのボディランゲージ ― 144
ホホジロザメはニッコリ笑ったときがもっとも危険⁉

サメの生殖 ― 146
海の王者はどのように増えていくのか？

ホホジロザメの住処 ― 148
ホホジロザメは世界のどこに棲んでいるのか？

サメの回遊 ― 150
世界中の海を旅するサメたちの大移動

サメの社会 ― 152
群れや縄張りを形成し独自のルールを持つサメの世界

ホホジロザメの天敵 ― 154
海の王者ホホジロザメの天敵はシャチと人間

サメの寿命 ― 156
ホホジロザメはどれくらい長生きできるのか？

本書の見方・楽しみ方

● **サメのプロフィール**
全66種のサメの特徴をわかりやすく解説。種によってまったく異なるその生態に注目!

● **歯型**
各サメの特徴的な歯をイラストで掲載。サメの歯の役割が一目瞭然!

Chapter 1
サメ図鑑
大海に君臨する66の捕食者たち

500を超えるサメの種のなかから、代表的な66種のサメをピックアップし、その生態を迫力ある写真とともに解説。

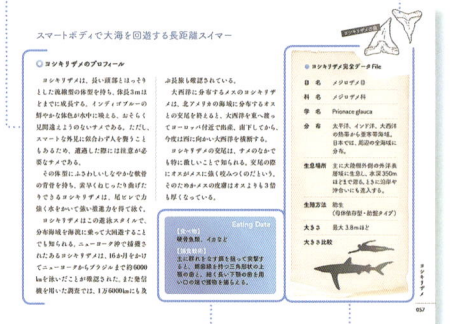

● **本文**
サメの生態をていねいに解説。これだけ押さえておけば、サメの基礎知識は万全だ。

● **事件File**
過去に発生したサメによる襲撃事件のなかから、その項目が紹介する生態と深く関わる例を紹介。

● **Point!**
各項目の要点を3つのポイントにまとめる。押さえどころが5秒でわかる!

● **Eating Data**
サメの本能がもっとも発揮される捕食に関するデータ。主な餌と捕食戦術の一例を掲載する。サメが生き残りのために生み出した、狩りの方法がわかる!

● **サメデータ**
各サメの分布や生息場所、生殖方法、大きさなどをデータ化して掲載。

Chapter 2
サメ学
ホホジロザメで読み解くサメの生態

魚類の食物連鎖の頂点に君臨するホホジロザメの生態から、サメが持つ驚きの能力と意外な生態に迫る。

● **図版**
各項目に関連した図版を掲載。ヴィジュアルの面からサメの生態を解説する。

Chapter 1
サメ図鑑

大海に君臨する66の捕食者たち

ホホジロザメ
Great white shark

巨体に似合わぬ俊敏さと周到さを兼ね備えたサメ界最強のアタッカー

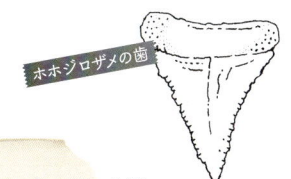

● ホホジロザメのプロフィール

　1975年に公開された『JAWS』は、巨大なサメが次々と人を襲うパニック映画の金字塔である。この作品に登場する巨大な人食いザメのモデルとなったのがホホジロザメだ。

　全長はおよそ4〜5m、最大で5.5〜6.0mの個体が確認されている。これほどの巨体でも、その動きは俊敏だ。

　ホホジロザメの姿で特に印象的なのは、獲物を捕獲する際、尖った吻（口より前に突き出る部分）を上げて大きく開かれる口だろう。

　口内の上下に並ぶ三角形の鋭い歯は、最大約5cmに達する。フチがノコギリのようにギザギザになっており、食らいつくと獲物の肉に深く突き刺さる。そうした状態からホホジロザメは、首を左右に振って獲物の肉を引きちぎるのだ。

　こうした摂餌行動や容姿に映画のシーンが加わって、「ホホジロザメ＝人食いザメ」というイメージが浸透してしまったが、実際に人が食べられるというケースは稀だ。

　哺乳類から魚までホホジロザメが捕食する獲物は様々だが、アザラシやアシカなど鰭脚類を好む傾向があるため、人を襲うのはアザラシと見間違えたためだという研究者も多い。

Eating Data

【食べ物】
アザラシ、アシカなどの哺乳類、硬骨魚類、軟骨魚類、海鳥類、イカ・タコ類、甲殻類など

【捕食戦術】
大型の獲物に対しては一度強い力で咬みついた後、放して失血により獲物が弱るのを待って食べる。小型の獲物は噛み砕いて貪り食う。

● ホホジロザメ完全データFile

目　名	ネズミザメ目
科　名	ネズミザメ科
学　名	Carcharodon carcharias
分　布	太平洋、インド洋、大西洋の亜熱帯から亜寒帯、温帯・寒冷水域、地中海。日本でも各地の海域に分布。
生息場所	沖合の表層域に生息し、海岸線付近や海洋島の周囲にも進出する。また、水深500m以上潜ることもある。
生殖方法	胎生（母体依存型・食卵タイプ）
大きさ	最大6mほど
大きさ比較	

ホホジロザメの歯

特有の捕食戦術と謎多き生殖

　ホホジロザメは獲物を捕らえる際、獲物に対して水平に泳ぎながら接近し、喰らいついたり、周囲を泳ぎ回り、体当たりをしながら咬みつくなどの戦術を取る。これらの捕食戦術はほかのサメにも見られるが、とくにホホジロザメの捕食戦術で特徴的なのが、海底に潜み、獲物の動きに合わせて浮上し、下方から勢いよく食らいつく戦法だ。このとき、獲物をくわえた状態で海上にジャンプする派手なアクションもよく見られる。ただし、この一撃で貪り食うのではなく、一旦離すのもホホジロザメの戦術である。獲物が弱るのを待って捕食するのだ。

　ホホジロザメはサメ・ウォッチングツアーの対象となることもあって、こうした捕食の姿はよく知られるものの、その生態の多くは謎に包まれている。近年、最新の技術によって生息域や行動範囲が特定されつつあるが、出産などの詳細は不明である。

　また、混獲など人の手によって個体数が減っているという指摘もあり、レッドリストで危急種と扱われている。

　人間がホホジロザメを恐れる以上に、ホホジロザメは人間によって危険にさらされているのかもしれない。

魚類最強のハンターとして海中に君臨するホホジロザメ。平均移動速度は時速3.2km。最速で時速約25〜35kmを出すといわれる。

Column ❶ サメ映画
恐怖を疑似体験できる銀幕のサメたち

サメ映画といえば、まず挙げられるのが、巨大人食いザメと人間の死闘を描いたスティーヴン・スピルバーグ監督の名作『JAWS』である。

サメが迫りくる恐怖を徐々に盛り上げる巧みな演出と、サメと戦う男たちの人間ドラマをからめた完成度の高さで、1975年に公開されると、世界的な大ヒットとなった。

また、実験動物にされていたサメがDNA操作によって高度な知能を持ち、突如人間を襲うという『ディープ・ブルー』や、実際の事件を基に、本物のサメを用いて撮影し、そのリアルさに観る者が震え上がった『オープン・ウォーター』など、サメ映画には傑作が多い。

海底に沈んだ財宝をめぐる麻薬組織との駆け引きが展開されるジェシカ・アルバ主演の『イントゥ・ザ・ブルー』では、周辺に棲むイタチザメが重要な脇役として登場する。

これらが正統派サメ映画だとすると、以下はユニークな色モノ的サメ映画といえよう。

2つの頭を持つサメが暴れる『ダブルヘッド・ジョーズ』や、蛸足を持つサメが人々を襲う『シャークトパス』、サメが竜巻に乗って都市部に降り注ぎ、人間たちを次々の襲う『シャークネード』など、枚挙に暇がない。

サメのリアルさに肝を冷やすのも、ぶっ飛んだ設定に大笑いするのもアリ。サメは、銀幕のなかでも主役を張るのにふさわしい存在なのだ。

● 世界を震撼させたサメ映画

『JAWS』
(DVD)
1975年公開
販売元：
ジェネオン・ユニバーサル

『ビーチシャーク』
(DVD)
2012年公開
販売元：松竹

『シャークネード』
(DVD)
2014年公開
販売元：アルバトロス

アオザメ

Shortfin mako shark

流線型のボディと高い体温が高速の秘密！ 大洋を旅する海のスピードスター

アオザメの歯

◉ アオザメのプロフィール

　数多くのサメのなかで、もっとも速く泳ぐとされるのがアオザメである。熱帯から温帯に分布し、沿岸から外洋に生息しているものの、沿岸の浅瀬には侵入しない。そのため、人間との遭遇率は低い。

　水の抵抗を受けにくい流線型の体型をしたアオザメは、スタートダッシュも速く、最高時速は40kmにも達する。

　その速さの秘密は、魚類に珍しく体温を高く保つ能力を持つ動物であることによる。

　アオザメなどのネズミザメ類は、奇網という毛細血管を体の一部に張り巡らせることで、体温を周囲の水温よりも10℃以上高く保てるのだ。

　これにより活発に筋肉を動かすことが可能となる。

　さらにアオザメの発達した奇網は、筋肉だけでなく脳や眼、内臓などにまで及んでいる。

　アオザメはこうして得た身体能力と、細く鋭い「刺す歯（135ページ）」を活かして、時には自分と同じ位の全長のメカジキにも襲いかかる。そうした好戦的な性格は、スポーツフィッシングの標的としても人気が高い。

　またアオザメは長大な距離を回遊することでも知られている。約2130kmを37日間で泳ぎきった例も報告されている。

Eating Data

【食べ物】
マグロ、ソウダガツオ、シマガツオなどの魚類、イカ類、イルカなどの哺乳類など

【捕食戦術】
時速40kmに達するスピードで獲物に接近し、細く鋭い「刺す歯」で食らいつく。

◉ アオザメ完全データFile

目　名	ネズミザメ目
科　名	ネズミザメ科
学　名	Isurus oxyrinchus
分　布	太平洋、インド洋、大西洋の熱帯から温帯海域、地中海。日本では青森以南の太平洋と日本海に分布。水温15〜22度、とくに17度以上の海域を好む。
生息場所	沖合いや外洋の表層から、水深500mほど。
生殖方法	胎生（母体依存型・食卵タイプ）
大きさ	最大4m以上
大きさ比較	

アオザメ

019

ウバザメ
Basking shark

未確認生物に間違えられた!? 大型バスほどの超巨大ザメ

● ウバザメのプロフィール

　ウバザメは、全長約10mにも達する大型の種類である。同じネズミザメ目のホホジロザメやアオザメの生態から察するに、さぞ恐ろしい人食いザメかと思いきや、実はウバザメの餌は小さなプランクトンだ。

　噛むための歯を持たないウバザメは、大きな口を開け、時速3.7kmほどの速度で悠然と泳ぎながら口のなかに大量の海水を流し込み、鰓耙（櫛状の器官）で濾して海水中のプランクトンを捕食するのである。

　人に危害を加えないウバザメであるが、過去の乱獲を受けて絶滅の危機に陥るまでに個体数を減らしてしまった。その漁の目的は、中性浮力（浮きも沈みもしない状態）を得るために体重の25%を占める大きな肝臓に含まれる油だった。エンジンの潤滑油やビタミン補助食品、保湿用化粧水など多岐にわたる用途があるためである。

　このように商用価値の高いサメとして知られるウバザメであるが、その生態は謎に包まれている。とくに繁殖に未解明の部分が多く、胎生と考えられながらも、胎仔がいまだ観察された例がない。

　またウバザメは、人々のイマジネーションを駆り立てる存在という一面もある。1987年にも、腐敗して下顎がとれたウバザメの死体が首長竜のような姿にも見えたことから、未確認動物「ニューネッシー」として騒がれた。

Eating Data
【食べ物】
プランクトンなどの浮遊性無脊椎動物

【捕食戦術】
大きな口を開けて泳ぎ回りながら大量の海水を飲み込み、プランクトンを濾し取って食べる。海水は大きなエラ孔から外へ排出する。

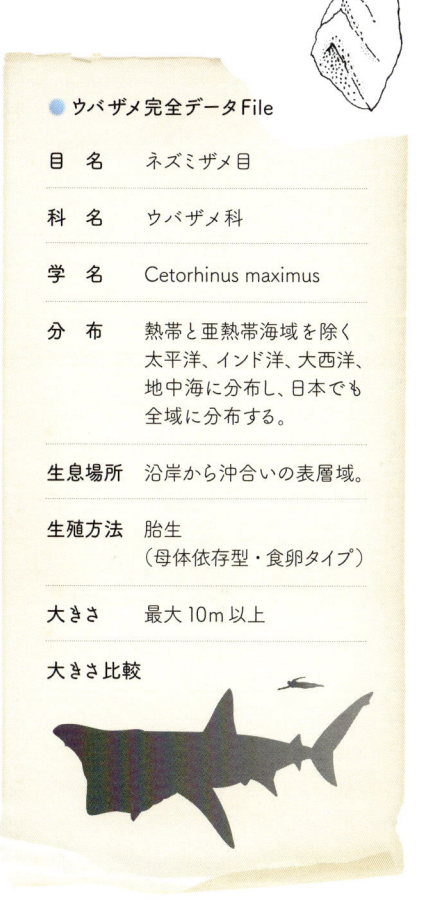

ウバザメの歯

● ウバザメ完全データFile

目名	ネズミザメ目
科名	ウバザメ科
学名	Cetorhinus maximus
分布	熱帯と亜熱帯海域を除く太平洋、インド洋、大西洋、地中海に分布し、日本でも全域に分布する。
生息場所	沿岸から沖合いの表層域。
生殖方法	胎生（母体依存型・食卵タイプ）
大きさ	最大10m以上
大きさ比較	

ウバザメ

ネズミザメ
Salmon shark

冷たい海でもフルスピードで泳ぐハイスペッカー

● ネズミザメのプロフィール

ネズミザメは、瞬膜（眼球を保護する膜）のない大きな丸い目に短い吻という顔が、どことなくネズミに似ていることに名の由来を持つ。ホホジロザメやアオザメと同じネズミザメ科のサメだが、やや肥満のような体型をしている。

寒帯の外洋性で、主にアラスカやカリフォルニア、アリューシャン列島近海の海域に分布するが、日本近海でも生息が確認されている。さらに冬には伊豆半島沖にまで姿を現わす。

ネズミザメは、東北でモウカザメと呼ばれるほか、ゴウシカとも呼ばれる。英名は「サーモン・シャーク」で、サケを捕食するのが由来だ。30～40尾の群れをなし、表層を泳ぐサケやマスを襲う。

しかもネズミザメは、ホホジロザメなどと同じく奇網という特殊な毛細血管網の発達により、水温よりも高い体温を保つことができる。そのため、冷たい海でも高速で泳ぐことが可能で、素早い動きで魚を捕えてしまう。

一方でアイスランドやノルウェー北部などの北大西洋海域と、南半球の冷水海域には、ネズミザメの近縁種であるニシネズミザメが分布している。こちらはフカヒレ目当ての乱獲などから絶滅が危ぶまれており、2013年以降、ワシントン条約によって国際取引に規制が敷かれるようになっている。

Eating Data

【食べ物】
サケ、マス、ニシンなどの魚類、イカ類など

【捕食戦術】
30～40尾で群れを作り、サケなどを集団で襲う。スピードが速く、餌を追い回して捕食する。

● ネズミザメ完全データFile

目 名	ネズミザメ目
科 名	ネズミザメ科
学 名	Lamna ditropis
分 布	アラスカ近海やベーリング海など、北太平洋海域に分布し、日本では関東以北の太平洋や日本海に分布する。
生息場所	沖合いから外洋の表層域に生息し、時に水深200m以上まで潜る。
生殖方法	胎生（母体依存型・食卵タイプ）
大きさ	最大3mほど

大きさ比較

シロワニ
Sandtiger shark

ワニなのにサメ？　沿岸部に棲む尖った歯が目印の怖いサメ

● シロワニのプロフィール

シロワニもまた、日本沿岸などに分布するネズミザメ目のサメである。

全長およそ3mと大型のシロワニの口からのぞく歯は、細長い釘のような先端を持ち、両サイドに小さい突起のある特徴的な形をしている。歯は上顎歯が片側約30本、下顎歯が片側約20本生えており、それらを口内からのぞかせて泳ぐ姿は、いかにも凶暴そうな印象を与える。

水族館でもよく飼育される種で、水槽内を悠然と泳ぎ回る姿が見られるが、実は夜行性で日中は海底の洞窟に潜んでいることが多い。

おとなしい性格で人が捕食の対象となる可能性は少ないが、襲撃を受けた事例もわずかながらあり、注意が必要だ。

シロワニは、捕食者としての姿以外にもふたつの特徴的な生態が判明している。

ひとつは海面で空気を取り込み、海中での浮力の調節をすることだ。

もうひとつは繁殖に関する特徴である。シロワニは食卵タイプの胎生（146ページ）のサメで、余分な無精卵を産んで仔にそれを食べさせる。この時点では左右の子宮に数尾の仔がいるが、最終的に生まれてくるのは、左右の子宮で各1尾でしかない。じつは左右の子宮内で仔ザメ同士が共食いを始め、生き残った1尾だけが生まれてくるのである。

Eating Data

【食べ物】
カレイ、イワシなどの硬骨魚類、小型のサメ、エイ類などの軟骨魚類、甲殻類など

【捕食戦術】
主に夜間に捕食活動を行なう。共同で索餌し、獲物に食らいついたのち、噛み砕いて飲み込む。

● シロワニ完全データFile

目名	ネズミザメ目
科名	オオワニザメ科
学名	Carcharias taurus
分布	西部太平洋、インド洋、大西洋の温熱帯海域、地中海、紅海。日本では伊豆七島や小笠原諸島など南日本の海域に分布。
生息場所	波打ち際から水深190mほどに生息し、水深15m～25mに多く見られる。内湾や沖合いの浅瀬、珊瑚礁や、水中洞窟などを棲家とする。
生殖方法	胎生（母体依存型・食卵タイプ）
大きさ	最大4.3mほど
大きさ比較	

シロワニの歯

ミツクリザメ
Goblin shark

エイリアンのような見た目をした謎多き深海ザメ

● ミツクリザメのプロフィール

ミツクリザメは主に水深300m以深の大陸斜面に生息し、全長3〜5mほどに成長する深海性のサメである。

太平洋、大西洋、インド洋など幅広いエリアに分布し、なかでも相模湾や駿河湾など日本沿岸で集中して捕獲される。

ミツクリザメの特徴としてまず挙げられるのは、長く尖った刀のような形の吻である。

この長い吻の下面には、微弱な電流を感知する器官であるロレンチーニ瓶(133ページ)が多くあり、イカやタコのほか魚類、甲殻類などの餌を探し出すために使われている。

吻の下には細く鋭利な歯が並ぶ顎があり、獲物に食らいつく瞬間に驚くべき姿を見せる。

何と上下の顎を素早くむき出して飛び出させるのだ。ミツクリザメは全長の10%ほど先まで顎を突出させることができ、その速さと長さはサメの種類でも随一であるという。

その時の凄まじい形相から、ヨーロッパの伝承にある邪悪で醜い小鬼の名にちなんで、英語名ではゴブリンシャークと呼ばれている。

散々な名前をつけられたものだが、ミツクリザメの捕食スタイルは、深海という餌の少ない生活環境に適応した結果なのである。

Eating Data

【食べ物】
イカ、タコ、甲殻類、魚類

【捕食戦術】
長い吻に備わったロレンチーニ瓶を活用して海底の獲物を探し、捕食の際には大きく顎を突出させて食らいつく。

ミツクリザメの歯

● ミツクリザメ完全データFile

目 名	ネズミザメ目
科 名	ミツクリザメ科
学 名	Mitsukurina owstoni
分 布	太平洋、インド洋、大西洋。日本では関東以南の太平洋に分布。
生息場所	水深1300mまでの大陸斜面に主に生息し、時に水深40mほどまで浮上する。
生殖方法	胎生(母体依存型・食卵タイプ)か?
大きさ	最大5mほど

大きさ比較

メガマウスザメ
◉ Megamouth Shark

大きな口と伸びる顎の皮膚で、大量の海水ごと獲物を丸飲み

◉ メガマウスザメのプロフィール

メガマウスザメは、その名の通り大きな口を持ち、横にニーっと笑ったような表情に見える。その上、鋭い大きな歯もないことから、大型のサメながら、どことなくユーモラスな印象を受ける。

発見されてからそれほど経っていないサメで、日本では1980年代後半頃に認知されるようになった。三重県の波切などで行なわれていたウバザメ漁で、ウバザメの水揚げが減った代わりに、メガマウスザメが見られるようになったのである。

しかし漁師にとってメガマウスザメは魅力のない獲物である。

通常、深海ザメは油脂分の多い肝臓で浮力を得ている。そのため深海と表層を行き来するサメの肝臓は体重の20％以上を占めるのが普通。しかし、餌を求めて水深200ｍ～20ｍを行き来するであろうメガマウスザメの肝臓は、たった3％しかない。そのためこの種がどうやって浮力を得ているのか、未だ不明である。

そうしたなかで、貴重な捕獲例により摂餌方法は判明している。

ポイントは喉付近の皮膚がゴムのように伸縮することだ。プランクトンを餌とするメガマウスザメは、プランクトンの群れを見つけると、大きな口を開けたまま泳ぎ続ける水圧でゴム状の喉を伸ばし、大量の海水ごと丸呑みしてしまうのだ。その名にふさわしい豪快な捕食戦術である。

Eating Data
【食べ物】
プランクトンなどの浮遊性無脊椎動物

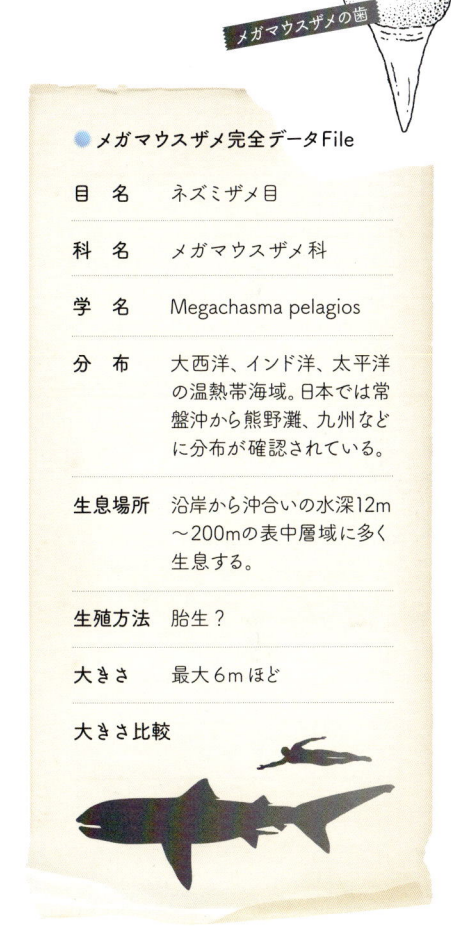

【捕食戦術】
口を開けて大量の海水を顎の皮膚内に充満させて口を閉じ、皮膚を元に戻すことで、海水をエラ孔から押し出しつつ、プランクトンを濾過して食べる。

メガマウスザメの歯

◉ メガマウスザメ完全データFile

目 名	ネズミザメ目
科 名	メガマウスザメ科
学 名	Megachasma pelagios
分 布	大西洋、インド洋、太平洋の温熱帯海域。日本では常盤沖から熊野灘、九州などに分布が確認されている。
生息場所	沿岸から沖合いの水深12ｍ～200ｍの表中層域に多く生息する。
生殖方法	胎生？
大きさ	最大6ｍほど
大きさ比較	

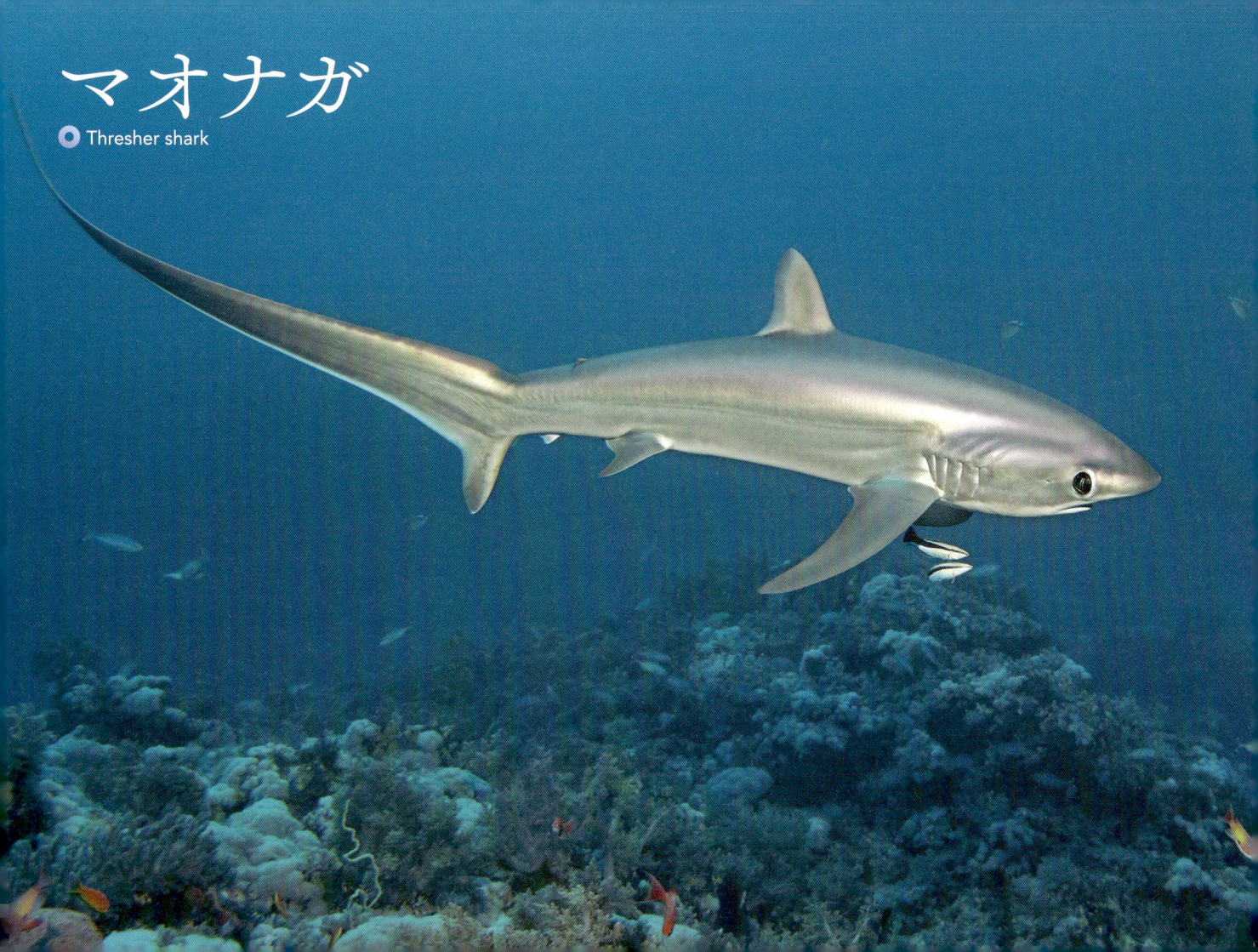

マオナガ
Thresher shark

長い尾ビレを使って驚きの狩りを行なう大洋の武人

● マオナガのプロフィール

マオナガはその名の通り尾が長いのが特徴で、最大3～4mの全長の半分が尾ビレという特異な姿をしている。

ほかのネズミザメ目のサメの尾ビレが体の4分の1ないし、5分の1しかないことからも、マオナガの尾ビレの長さを実感できよう。

尾ビレの付け根は太く、その先はやや弧を描くように伸びて、先端部に欠刻(切れ込み)がある。欠刻の後方はやや大きくなっており、乗馬のムチに似た形をしている。

マオナガはこの尾ビレを有効に活用した摂餌スタイルをとる。

まずイワシなどの魚の群れを見つけると、尾で海面を叩いたり魚を囲いこんだりして、魚の群れを団子状にまとめる。そこに直接食らいつくケースもあるが、マオナガなどオナガザメ科のサメの狩りでは、尾ビレを強く振り上げヒットして弱ったイワシを捕らえるという特徴ある狩りが行なわれるのだ。後者の方法を用いて海鳥を捕らえたという目撃談もある。

この狩猟スタイルに視力が必要なのは想像に難くない。マオナガは、目の周りに奇網を発達させることで視神経の反応を高めていると考えられている。

この仲間には似た生態を持つハチワレとニタリの2種のサメがいる。

Eating Data
【食べ物】
イワシ、ソウダガツオなどの硬骨魚類、イカなど

【捕食戦術】
餌となる魚群を尾を使ってまとめたのち、群れのなかに突っ込んだ尾ビレを強く振って獲物を叩き、弱った個体を捕食する。

マオナガの歯

● マオナガ完全データFile

目 名	ネズミザメ目
科 名	オナガザメ科
学 名	Alopias vulpinus
分 布	太平洋、インド洋、大西洋、地中海の温暖な海域。日本では北海道以南に分布。
生息場所	沿岸から外洋の表層域に生息する。
生殖方法	胎生(母体依存型・食卵タイプ)
大きさ	最大6mほど

大きさ比較

ハチワレ
Bigeye thresher

大きな目がチャームポイントの異色のオナガザメ

●ハチワレのプロフィール

オナガザメ科に属するハチワレは、尾ビレの長さは全長の半分よりもやや足りないくらいの割合で、マオナガには及ばないものの形はよく似ている。

尾ビレを使った狩りのスタイルも同じだが、主に沿岸域の表層部に棲むマオナガに対し、ハチワレは沖合から外洋域までの、表層から500m以深の中深層に生息している。

その少し変わった名前の由来はその頭の形にちなむ。

頭のてっぺんから後方の両サイドに広がる八の字状の溝があるためだ。この特徴がマオナガやニタリと区別する際のポイントとなっている。

またハチワレの特徴のひとつに大きな縦長の目がある。

頭部の両サイドから背面にまで達しているため、横と前方に加え、上まで見渡せる構造になっているのだ。これは餌の少ない中深層で捕食のチャンスを逃さないための進化と思われる。

また水産業者が、ハチワレをマオナガ、ニタリなどと区別しているのがその「味」である。

ハチワレは練り製品に使われるものの、酸味や苦みを感じる場合がある。そのためほかのオナガザメ科の2種に劣るというのだ。

Eating Data

【食べ物】
イカ、サバ、イワシ、カジキ（幼魚）などの硬骨魚類

【捕食戦術】
餌となる魚群を尾を使ってまとめたのち、群れのなかに突っ込んだ尾ビレを強く振って獲物を叩き、弱った個体を捕食する。

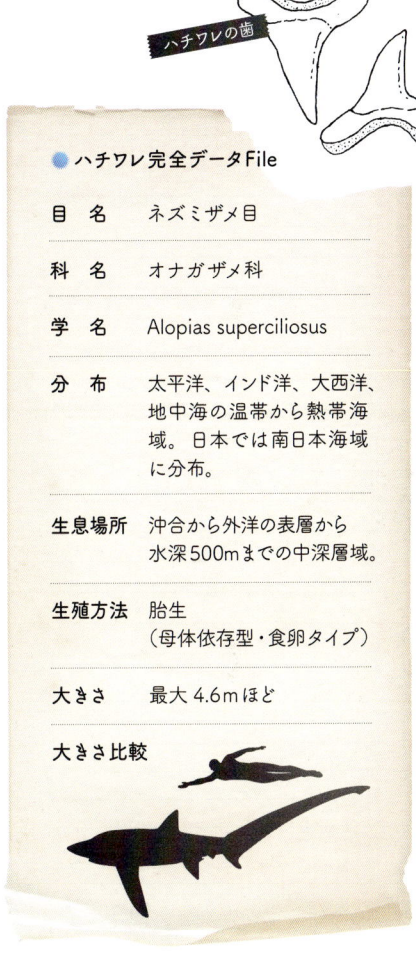

●ハチワレ完全データFile

目 名	ネズミザメ目
科 名	オナガザメ科
学 名	Alopias superciliosus
分 布	太平洋、インド洋、大西洋、地中海の温帯から熱帯海域。日本では南日本海域に分布。
生息場所	沖合から外洋の表層から水深500mまでの中深層域。
生殖方法	胎生（母体依存型・食卵タイプ）
大きさ	最大4.6mほど
大きさ比較	

ハチワレの歯

オオメジロザメ
○ Bull Shark

淡水でも棲むことができるサメ界のパイオニア

● オオメジロザメのプロフィール

サメは沿岸から深海まで幅広く生息するが、通常は淡水の川や湖などでは生きられない。

なぜなら、サメの体液には海水の約半分の濃度のミネラルと高濃度の尿素などが含まれているため、淡水ではその濃度バランスが崩れて生息できなくなってしまうのだ。

そのほとんど唯一の例外となるのが、オオメジロザメである。

オオメジロザメは南北アメリカ、アフリカ南部など熱帯および亜熱帯地域の沿岸部に生息しているが、岸に近い浅瀬にも出現する。この辺りは淡水の影響を大きく受ける場所である。さらに北米のミシシッピー川の河口から2800km以上、南米アマゾン川河口から4000kmほどの上流、つまり淡水域での生息が確認されているのだ。

淡水にも耐える体の仕組み

なぜオオメジロザメは長時間淡水のなかにいても平気なのだろうか。

それは、周辺の水をたくさん取り込むことによって体液中のミネラル濃度や尿素を調節し、環境に適応することができるためだ。

淡水域に生息するのは成魚ばかりでない。生まれたばかりの幼体でも問題なく生存できるという。

Eating Data

【食べ物】
無脊椎動物、サメ類を含む軟骨魚類、硬骨魚類、ウミガメ、海鳥類、イルカなどの哺乳類など

【捕食戦術】
浅瀬を回遊し、大型の獲物に対しても躊躇なく食らいつき、頭を振り獲物の肉を噛み千切る。

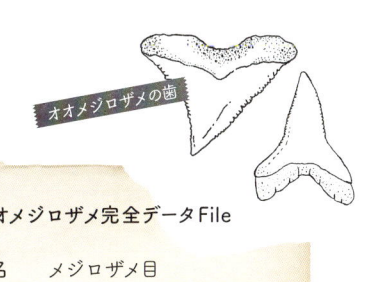

オオメジロザメの歯

● オオメジロザメ完全データFile

目 名	メジロザメ目
科 名	メジロザメ科
学 名	Carcharhinus leucas
分 布	太平洋、インド洋、大西洋の熱帯から亜熱帯の海域、汽水域、大河やその上流の湖などの淡水域。日本では南西諸島と沖縄諸島近海に分布。
生息場所	沿海性で、浅海の海底近くや河口付近。
生殖方法	胎生（母体依存型・胎盤タイプ）
大きさ	最大3.4mほど
大きさ比較	

気性の荒い"ブルシャーク"

　そうした適応性の高いオオメジロザメだが、加えて獰猛であることが知られている。

　その性格が気性の荒い雄牛に似ていることから、ブルシャークと呼ばれ恐れられているほどだ。浅瀬で単独で狩りをするオオメジロザメは、大小を問わず獲物に襲いかかる。

　もちろん人間もオオメジロザメのターゲットに含まれ、実際に人が襲われた事例がいくつもある。

　オオメジロザメは目が小さく、濁った水のなかで狩りをすることが多いことから、視覚に頼らずに獲物を探知していると考えられる。

　そして鋭利な下顎の三角形の「切る歯」と、上顎の鋭い「刺す歯」で、獲物を選り好みせず手当たり次第に咬みつく。

　成魚ともなると全長3mに達し、がっしりとした体格で体重が250kgにもなるから、無警戒の人間が襲われたらひとたまりもないだろう。

　日本でも沖縄近海にオオメジロザメが生息し、幼魚が那覇市の安里川を上った例も確認されている。日本人にとっては、ホホジロザメよりはるかに身近な人食いザメなのである。

オオメジロザメは、人間の膝下ほどの深さしかない浅瀬でも難なく進出してくる。

Column ❷ サメに襲われたら? これを知っておけば慌てない? 海でサメに襲われたときの対処法

どれほど気を付けていても危険なサメに遭遇することがある。

万が一襲われたときには、パニックに陥らないようにして、すぐさま岸かボートに上がる。それができない場合は、サメから目を離さず相手の出方をよく見ることだ。サメが近寄ってきて、ぐるぐる回ったり自分の目の前を通るようなら、手や棒など武器になりそうなものは何でも利用して、接近させないように遮って追い払う。

サメが攻撃してきたら、半端に逃げようとしてはいけない。それよりも、思いきって闘う姿勢を見せることだ。泡を出して威嚇したり、眼やエラを殴るなどして怯ませることができれば時間稼ぎになるので、その隙にボートへ上がるようにする。ただし、サメが背を向けて去ったからといって油断してはいけない。くるりと方向転換して、人間が浮上するところをまた襲ってくることがある。

また、ナイフや銛などの強力な武器を持っていても、最初はサメを追い払うために使うべき。血を流させるとかえって興奮したり、他のサメまで呼び寄せることになりかねないのだ。

咬まれた場合は水中でも急いで止血すること。サメに襲われて命を落とすのは、出血多量が原因だったということが多い。また、浅手だからといってほったらかしにしてはいけない。サメの傷は化膿することが多いので、必ず病院で治療を受けるようにすることだ。

● サメに襲われる確率（「アメリカ人の死因の統計」より）

死因	人数
交通事故死（2011）	3万5000人
アメリカの肥満による死者（2000-2005）	15万4884人（平均年間2万5814人）
殺人による死者（2000-2005）	9万6000人（平均年間1万6000人）
自転車事故での死者（1990-2009）	1万5011人（平均年間750.5人）
狩猟における事故死（2000-2007）	441人（平均年間55.1人）
ボート事故による死者（1998-2013）	3916人（平均年間244人）
落雷の死者（1959-2010）	1970人（平均年間37.9人）
離岸流による死者（2004-2013）	361人（平均年間36.1人）
● サメの攻撃による死者（1959-2010）	26人（平均年間0.5人）

アメリカにおける死因の統計をみると、サメに襲われて命を落とす確率がかなり低いことがわかる。

イタチザメ
Tiger shark

口に入るものは何でも食べる　獰猛で知られる海のギャング

● イタチザメのプロフィール

若いイタチザメの背には、美しい縞模様があり、成熟するにつれて背は灰褐色の単色に変化していく。

英語でタイガーシャークと呼ばれているのは、この若い個体の柄が由来とも言われるが、「虎」という表現にピッタリな獰猛さもイタチザメの特徴である。

イタチザメは、ホホジロザメと並ぶ人食いザメとして知られている。その性質は歯をみても明確だ。ニワトリのトサカのような形をした鋸歯縁の歯は、食らいついた状態で首を左右に振るとノコギリのように獲物の肉を切り裂けるようになっている。

驚くべきは、その頑丈な歯と強力な顎の力を生かした幅広い餌のバリエーションである。硬い甲羅を持つウミガメも丸飲みするほか、ワニ、同種も含むサメ類なども襲うというから、その雑食性とともに高い攻撃性もうかがえる。

餌を選ばない"海のゴミ箱"

さらにイタチザメは、人の膝程度の浅瀬にまで現われて、口に入るものであればとりあえず食べてしまう。人や馬、羊などが狙われるばかりでなく、時には缶詰や車のナンバープレートなども胃のなかから見つかるという。

口に入るものすべてを飲み込んでしまうため、「海のゴミ箱」とも揶揄される。

Eating Data

【食べ物】
硬骨魚類、サメ・エイ、鳥類、海産哺乳類、ウミガメなど

【捕食戦術】
獲物を視界に入れつつ接近し、巨大な顎と鋸歯縁の歯で咬みつくと、頭を振り獲物の肉を噛みちぎる。

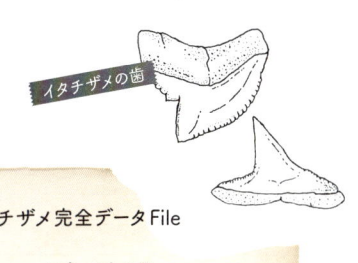

イタチザメの歯

● イタチザメ完全データ File

目名	メジロザメ目
科名	メジロザメ科
学名	Galeocerdo cuvier
分布	太平洋、インド洋の熱帯・亜熱帯海域から温帯海域にかけて。日本では南西諸島や九州、四国などに分布する。
生息場所	沿岸部および外洋の表層から水深140mほどに生息する。
生殖方法	胎生（母体依存型・子宮分泌タイプ）
大きさ	最大6mほど
大きさ比較	

イタチザメ

039

こうした無尽蔵の雑食性ゆえか、体は6mにまでなることもある。

大きなイタチザメも恐ろしいが、旺盛な食欲の性質からすると小さくてもまったく油断ができない。

イタチザメの意外な生態

夜間に活発に活動するとはいえ、姿が見えづらい濁った水域を好み、人や保護すべき動物なども手当たり次第食べる凶暴さから、長らく駆除の対象となってきた。一方で、研究から不思議な生態があることが明らかになっている。

なんと凶暴なイタチザメを手なずける方法があるのだ。

イタチザメは、体を仰向けにすると一種の昏睡状態になるのだという。

この「トニックイモビリティー」と呼ばれる状態にすることで、発信器をつけたり、サメを傷つけたり殺したりしないで胃の内容物を分析することも可能になるのだ。

扁平なイタチザメの吻と缶切りのような歯。時に金属片や皮革製品など、餌になりそうもないものでさえも飲み込んでしまう。

Column ❸ サメグッズ

サメマニアにはたまらない！ サメグッズでサメだらけの私生活

サメの体は捨てるところがないと言われるほど、様々なものに利用されてきた。

古代にはサメは神聖な生き物とされ、その歯はアクセサリーやお守りにされた。サメの歯が、「天狗の爪」として神社やお寺の宝物となっていることもある。

皮も利用されている。ザラザラしたサメ肌をそのまま活かし、滑り止めと装飾をかねて刀の柄に巻きつけたり、馬具、甲冑、煙草入れなどに用いたりした。現代でも、剣道の防具の胴の高級品には、表面にサメの皮を貼ったものがある。

また近代に入ると、牛革の不足を補うために、サメ皮がハンドバッグやベルト、靴などに利用されるようになった。

そして現代では、牛革の代用品としてではなく、独特の風合いを楽しむためのサメ皮の製品が生産されている。ことにヨシキリザメの皮は、独特の肌触りや、使い込むほどつやが出ることなどで人気である。

サメ皮製品というと、ザラザラしていると思い込んでいる人が多いが、鱗部分を落としてなめすと、しなやかでしかも丈夫な素材となる。色調も思いのままで、言われなければサメ皮だと気がつかないものも多いのだ。

身近な台所にも、サメの皮があるかもしれない。サメの表皮をおろし板に貼りつけたサメ皮おろしは、わさびをおろすのに最適だとされる。

サメ除けのお守りとして南太平洋で用いられるサメの歯のアクセサリー。

ヨゴレ
Oceanic whitetip shark

大きくて丸い背ビレと胸ビレを持つ、グライダーのような人食いザメ

● ヨゴレのプロフィール

　ヨゴレとは、だいぶひどい名前をつけられたものだが、これは背ビレと胸ビレの先端が白くなっていて、そこに汚れのような茶褐色の斑紋があるためだ。

　この背ビレと胸ビレは丸みを帯びていて、体に比例して大きいのも特徴である。グライダーのような姿のヨゴレの体はゆったり泳ぐのに適しているが、興奮すると敏捷（びんしょう）な動きをする。

　ヨゴレは熱帯から亜熱帯海域の外洋に生息しているので、海岸周辺で出くわす可能性は低い。だが、好奇心が旺盛で執拗な性質に加え雑食性のため、遭遇すれば人も捕食の対象として狙われる危険のあるサメだ。

　普段は単独で行動しているが、餌を見つけると群れになって襲ってくることもある。

　そうした性質ゆえに、全長は3m程度のサメながら「すべてのサメのなかでもっとも危険」との評もある。

　実際に、第二次世界大戦中に魚雷攻撃を受けたアメリカ軍の軍艦から海上へ避難した900人の兵士が、ヨゴレの群れに襲われ、4日後の救出時には300人まで減っていたという、身の毛もよだつ事例がある。

　広い海原で人食いザメの群れに囲まれるというのは、想像するだけで恐ろしい光景だ。

Eating Data

【食べ物】
外洋性魚類、イカ、ウミガメ、鳥類、鯨類の死肉など

【捕食戦術】
餌を前にして刺激されると、大きな群れをなして執拗に追い回し、捕食行動を行なう。

● ヨゴレ完全データFile

目名	メジロザメ目
科名	メジロザメ科
学名	Carcharhinus longimanus
分布	太平洋、インド洋、大西洋の熱帯から亜熱帯海域、地中海。日本では南日本に分布する。
生息場所	外洋の表層から水深150mほどまで。
生殖方法	胎生（母体依存型・胎盤タイプ）
大きさ	最大4mほど
大きさ比較	

ヨゴレの歯

043

ヨゴレ

カマストガリザメ
- Blacktip shark

獲物目がけて大暴れ！ トガった見た目の危ないヤツ

● カマストガリザメのプロフィール

　尖った吻と胸ビレや背ビレの先の黒い斑点が特徴のカマストガリザメは、太平洋、大西洋、インド洋と、世界中の熱帯から亜熱帯にかけての海域に分布するポピュラーなサメである。

　全長2m程度のサメで、イワシやアジなどの小魚、タコやエビを餌とするほか、小型のサメを襲うこともある。

　活動的で泳ぎも速いカマストガリザメは、小魚の群れを襲うときに、勢い余ってたびたび海面上に回転しながらジャンプする姿が目撃される。

　この行動は、狂食状態に陥っている証拠だ。これは多くの獲物を前にしたり、獲物が多量の出血をしていたり、魚が苦しんでいたりすると、これが刺激となってサメが自制心を失うことで起こる現象で、「狂乱索餌」とも呼ばれる。狂食を引き起こす刺激が、サメの脳内で処理できる情報量を超えているために起こるものという説があるが、詳しいメカニズムは解明されていない。

　一旦サメが狂食状態となると、周囲の仲間にも無差別に咬みつくこともある。そのため群れで狩りを行なうカマストガリザメの場合は、狩りのたびに高い頻度で凄惨な光景が展開されるだろう。

　カマストガリザメのジャンプは、イルカやクジラなどのように楽しめるものではないのだ。

Eating Data

【食べ物】
アジ、イワシなどの硬骨魚類、甲殻類、タコなど

【捕食戦術】
小魚の群れに突っ込み捕食する。よく狂食状態となって海面から跳び出す。

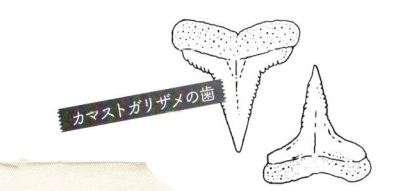

● カマストガリザメ完全データFile

目　名	メジロザメ目
科　名	メジロザメ科
学　名	Carcharhinus limbatus
分　布	太平洋、大西洋、インド洋の熱帯・亜熱帯海域に分布し、日本近海には分布しない。
生息場所	沿岸及び外洋の浅海、河口域に生息する。
生殖方法	胎生（母体依存型・胎盤タイプ）
大きさ	最大2.5mほど
大きさ比較	

カマストガリザメの歯

ヤジブカ
Sandbar shark

垂直に反り立つ背ビレが目印　もっともサメらしいサメ

● ヤジブカのプロフィール

　メジロザメの別名は、ヤジブカという。

　胎盤型の胎生で仔を育てるサメで、フカを「鱶」と書くことからも、名は体を表わすという言葉を地でいく種と言えよう。

　目名や科名となっているこのサメは、背中の大きな第1背ビレの形が特徴となる。体の中心よりもやや前にあり、前方からなだらかにすっと立ち上がって、先が鋭い三角形をしている。

　飼育可能なサメでもあるため、水族館で出会うこともあるだろう。

　背面と側部が灰色で腹部が白色の体をしているヤジブカは、丸みのある吻や小さな目、そして3mにもなる迫力ある姿など、サメのイメージ通りの姿をしている。さぞや凶暴だろうと思われるが、他種のサメを含む軟骨魚類、硬骨魚類などを摂餌するものの、攻撃的な性格ではないと言われている。

　ヤジブカは太平洋や大西洋、インド洋の熱帯から温帯海域に広く分布し、各海域でグループに分かれて生活している。

　幼魚は浅海でオスとメスの混ざった群れを作り、成魚は親も含めて別の場所に棲み、こちらは沿岸から外洋にかけての表層から水深300mほどの場所で、交尾時期以外、オス・メス別々のコミュニティーを作って暮らす。胎盤によって母親と密接につながりながらも、出生すると独立するのが早いサメなのだ。

Eating Data

【食べ物】
サメなどの軟骨魚類、硬骨魚類、甲殻類、タコなど

【捕食戦術】
夜間、活発に泳ぎ回って餌を探す。獲物を見つけると、気付かれないように忍び寄って食らいつく。

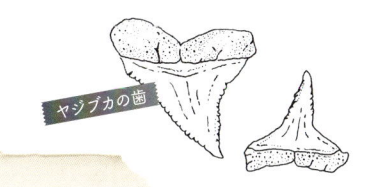

ヤジブカの歯

● ヤジブカ完全データFile

目名	メジロザメ目
科名	メジロザメ科
学名	Carcharhinus plumbeus
分布	太平洋、大西洋、インド洋の熱帯・亜熱帯海域。日本では南日本以南に分布。
生息場所	沿岸の表層から水深300mまで。
生殖方法	胎生（母体依存型・胎盤タイプ）
大きさ	最大3mほど

大きさ比較

047

オグロメジロザメ
Grey reef shark

縄張りに入った敵対者へ独特の威嚇行動をとる社会的なサメ

● オグロメジロザメのプロフィール

　太平洋とインド洋に広く分布するオグロメジロザメは、サンゴ礁周辺などに生息しておりダイバーたちが遭遇することも多いサメである。

　通常は群れをなして生活し、ときにその規模は100匹を超えることもある。

　個体数100を超えるサメの群れとなれば、肝を冷やすような光景だが、オグロメジロザメは決して攻撃的な性格ではないため、必要以上に恐れることはない。ただし1匹で出会った時こそ注意が必要だ。群れをなしていないと警戒心が働くためか、テリトリーを脅かす存在に対して攻撃的になるのだ。

　その際、オグロメジロザメは警告メッセージを発する。

　吻を上に向け、両方の胸ビレを下げ、背中を丸めるという、横から見るとS字のような体勢をとるのだ。

　この時尾ビレも左右どちらかに曲げており、上から見るとJの文字のようになる。この不自然な格好で、8の字を描くように泳ぐのだ（144ページ）。

　こうした姿を見かけたら、オグロメジロザメをそれ以上刺激しないよう、そっと離れなければならない。さもなければ、敵とみなされてしまい、攻撃を受ける可能性が高い。

Eating Data

【食べ物】
甲殻類、
ハタやカレイなどの硬骨魚類、
イカ、タコなど

【捕食戦術】
主にリーフにおいて餌を探し、小型の餌を狙って食らいつき、貪り食う。また、複数の個体が共同で狩りをするという報告もある。

● オグロメジロザメ完全データFile

目　名	メジロザメ目
科　名	メジロザメ科
学　名	Carcharhinus amblyrhynchos
分　布	西部・中部太平洋、インド洋、紅海の熱帯海域に分布し、日本近海には分布しない。
生息場所	珊瑚礁や沖合いの表層から水深150m辺りまでに生息。
生殖方法	胎生（母体依存型・胎盤タイプ）
大きさ	最大2.6mほど
大きさ比較	

オグロメジロザメの歯

ガラパゴスザメ

Galapagos shark

外海の島々に生息する危険な熱帯ザメ

ガラパゴスザメのプロフィール

　ガラパゴスザメは、ガラパゴス諸島やハワイなどの島々の周辺に生息する大型のサメである。

　丸みを帯びた吻と灰色または灰青色の背、白い腹部を持ち、大きな個体は3.7mに達する。外見はヒレに濃い黒がない点以外オグロメジロザメに似ており、そのほかにも群れを形成する生態に加え、威嚇行動も共通している。水深180mまでの浅海域に生息し、人間の生活圏にも近いため、遭遇の可能性も高い。敵と認めるとたちまち攻撃的になるため、注意が必要なサメである。

ガラパゴスザメ完全データFile

目名	メジロザメ目
科名	メジロザメ科
学名	Carcharhinus galapagensis
分布	太平洋、大西洋、インド洋の熱帯から亜熱帯海域に分布する。
生息場所	外洋と島嶼部周辺の水深180mまでの浅海域。
生殖方法	胎生（母体依存型・胎盤タイプ）
大きさ	最大3.7mほど
大きさ比較	

ガラパゴスザメの歯

Eating Data

- 【食べ物】　ハタ類、カレイ類などの硬骨魚類、エイなどの軟骨魚類、タコ、甲殻類
- 【捕食戦術】　昼には表層付近で摂餌活動し、夜には海底付近の深みまで潜り、代謝を抑えている。

ペレスメジロザメ

Caribbean reef shark

カリブの海底を舞うダイバー人気のサメ

● ペレスメジロザメのプロフィール

　メジロザメ属のサメはいつも泳ぎ回っている種が多いが、そのなかでもペレスメジロザメは少し変わった性質を持つ。

　生息域のカリブ海やメキシコ湾といった大西洋西部の熱帯、亜熱帯海域の沿岸の暗礁の海底付近を泳ぎ回ることもあるが、砂州や断崖面の棚場、洞穴内部などでじっと動かないこともあるのだ。

　ダイバーに対して無関心であるので、刺激をしなければそっと観察することもできる。

　ただし小型のサメやエイ、硬骨魚など餌が近くにある場合、興奮して攻撃的になる場合もあるので注意が必要だ。

● ペレスメジロザメ完全データFile

目名	メジロザメ目
科名	メジロザメ科
学名	Carcharhinus perezi
分布	アメリカ東部沿岸、バミューダ・メキシコ湾北部・カリブ海など、西部大西洋の熱帯海域。日本近海には分布しない。
生息場所	大陸棚や島嶼、珊瑚礁域を中心に、主に水深30m以浅。
生殖方法	胎生（母体依存型・胎盤タイプ）
大きさ	最大3mほど
大きさ比較	

ペレスメジロザメの歯

Eating Data

【食べ物】　イカ、タコ、甲殻類、カレイ類などの硬骨魚類

【捕食戦術】　低周波を感知して獲物に接近し、周りを旋回するように見せかけて、突然頭を振って顎の端で捕獲する例が記録されており、知能の高さをうかがわせる。

ニシレモンザメ
Lemon shark

海岸やマングローブ林など、低酸素の環境でも生息できる強いサメ

● ニシレモンザメのプロフィール

　ニシレモンザメは大きな第1背ビレと、やや小さな第2背ビレ、平たい吻を持ち、体長3mほどにも成長する大型のサメである。「レモン」の名は、背の部分が美しい金褐色をしている外見に由来する。

　ニシレモンザメの優れた点として、環境への適応能力の高さが挙げられる。

　まず彼らは自然界において、マングローブ、岩礁、河口にも長時間留まることができる。ここから、溶存酸素量が少ない浅瀬でも生息できると同時に、水中の塩分濃度についても多様な耐性を持つと考えられる。

　これは成長速度が遅いことにも関連しているようだ。性的な成熟まで12年もかかるニシレモンザメは、ほかのサメに捕食されないように、安全な場所にいる必要があるのだろう。

　また人による飼育下でも適応力を発揮する。ほかのサメは飼育下だと餌を食べなくなってしまったり、水槽に体を打ち付けたりするなどして死んでしまうことがあるが、ニシレモンザメは水槽内でも長生きするのだ。こうした特性から、研究者に利用されることも多い。

　日本近海には、同属のレモンザメが分布している。こちらの性質はニシレモンザメとほとんど同じだが、2つの背ビレがほぼ同じ大きさという点で見分けることができる。

Eating Data

【食べ物】
サメ類を含む軟骨魚類、硬骨魚類、甲殻類、タコ、イカなど

【捕食戦術】
視力はあまりよくないものの、昼夜問わず動き回り、吻部の敏感な磁気センサーを利用して獲物を探し、鋭い歯で食らいつく。

● ニシレモンザメ完全データFile

目名	メジロザメ目
科名	メジロザメ科
学名	Negaprion brevirostris
分布	太平洋のアメリカ熱帯域沿岸、カリブ海、大西洋の熱帯沿岸域、西アフリカ沿岸域に分布し、日本近海には分布しない。
生息場所	河口や湾、珊瑚礁に近い浅瀬から、水深約90mあたりまで。
生殖方法	胎生（母体依存型・胎盤タイプ）
大きさ	最大3.4mほど
大きさ比較	

ネムリブカ
- Whitetip reef shark

名前の通り昼間はずっと寝ているが、夜は仲間と一緒に大暴れ

● ネムリブカのプロフィール

　太平洋やインド洋の熱帯地方に分布するネムリブカは、洞穴や珊瑚の下などに頭を突っ込んで体を横たえて1日の大半を過ごす。通常サメは、泳ぎ続けることでエラに水を取り込み呼吸をするが、ネムリブカは静止していても、陰圧によって口から水を取り込み、エラに水を送り込むことができるのだ。

　日中、眠っているように静止している理由は、寄生虫を洗い落とすためとも言われる。

　海水と淡水入り交じる洞穴付近は、酸素量が多く塩分濃度が低くなるため、寄生虫をふるい落とすのに適しているという。

　昼間に惰眠を貪り続けたネムリブカが活発に動き出すのは日暮れ頃だ。彼らは集団で行動し、狭い場所に硬骨魚などを追い込んだ上で捕食する。この時ばかりはネムリブカの名を返上して、我先に餌にありつこうともみくちゃの状態になる。

　それ以外はいたっておとなしいネムリブカを捕らえたところで、利益にはならない。それはネムリブカが人に疾患をもたらすシガトキシンという化合物を体内に取り込んでいるからだ。ネムリブカは餌とする熱帯域の魚類フエダイなどからこの毒素を取り込んで体内に蓄積してしまうため、食用に適さないのである。

Eating Data

【食べ物】
タイ類などの硬骨魚類、タコ、エビ・カニなどの甲殻類

【捕食戦術】
日暮れ以降に活発に動き始め、夜間を通じて狩りを行なう。優れた嗅覚・聴覚・電気感覚で獲物の信号を捉え、集団で珊瑚や岩の隙間や穴を這い進んで獲物を捕食する。

● ネムリブカ完全データFile

目名	メジロザメ目
科名	メジロザメ科
学名	Triaenodon obesus
分布	太平洋やインド洋の熱帯海域。日本では、九州、南西諸島、伊豆七島、小笠原諸島などに分布する。
生息場所	主に水深8m～40mの表層域の岩場、珊瑚礁、砂泥底など。
生殖方法	胎生（母体依存型・胎盤タイプ）
大きさ	最大2mほど
大きさ比較	

ネムリブカの歯

ヨシキリザメ
Blue Shark

スマートボディで大海を回遊する長距離スイマー

● ヨシキリザメのプロフィール

　ヨシキリザメは、長い頭部とほっそりとした流線型の体型を持ち、体長3mほどまでに成長する。インディゴブルーの鮮やかな体色が水中に映える、おそらく見間違えようのないサメである。ただし、スマートな外見に似合わず人を襲うこともあるため、遭遇した際には注意が必要なサメである。

　その体型にふさわしいしなやかな軟骨の背骨を持ち、素早くねじったり曲げたりできるヨシキリザメは、尾ビレで力強く水をかいて強い推進力を得て泳ぐ。

　ヨシキリザメはこの遊泳スタイルで、分布海域を海流に乗って大回遊することでも知られる。ニューヨーク沖で捕獲されたあるヨシキリザメは、16か月をかけてニューヨークからブラジルまで約6000kmを泳いだことが確認された。また発信機を用いた調査では、1万6000kmにも及ぶ長旅も確認されている。

　大西洋に分布するメスのヨシキリザメは、北アメリカの海域に分布するオスとの交尾を終えると、大西洋を東へ渡ってヨーロッパ付近で出産、南下してから、今度は西に向かい大西洋を横断する。

　ヨシキリザメの交尾は、サメのなかでも特に激しいことで知られる。交尾の際にオスがメスに強く咬みつくのだという。そのためかメスの皮膚はオスよりも3倍も厚くなっている。

Eating Data

【食べ物】
硬骨魚類、イカなど

【捕食戦術】
主に群れをなす餌を狙って突撃すると、鋸歯縁を持つ三角形状の上顎の歯と、細く長い下顎の歯を用い口の端で獲物を捕らえる。

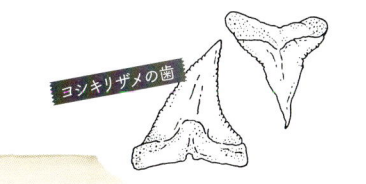

● ヨシキリザメ完全データFile

目名	メジロザメ目
科名	メジロザメ科
学名	Prionace glauca
分布	太平洋、インド洋、大西洋の熱帯から亜寒帯海域。日本では、周辺の全海域に分布。
生息場所	主に大陸棚外側の外洋表層域に生息し、水深350mほどまで潜る。ときに沿岸や沖合いにも進入する。
生殖方法	胎生（母体依存型・胎盤タイプ）
大きさ	最大3.8mほど
大きさ比較	

ヨシキリザメの歯

ツマグロ
Blacktip reef shark

浅瀬で先が黒い背ビレを見かけたら要注意

● ツマグロのプロフィール

　太平洋の島々を訪れると、膝下ほどの珊瑚礁の浅い海岸に、先端が黒いサメの背ビレがうごめいているのをよく見かける。これはツマグロの幼体のヒレである。

　体長2m弱程度にまで成長するツマグロは、淡い灰褐色のボディに、各ヒレの先端が黒く染まり、尾ビレに至っては周囲が黒く縁取られている。

　実はこれは獲物に姿が見つからないための視覚効果を狙った姿で、カウンターシェイディングと呼ばれるものである。

　一般的なサメは、背中をグレー系の色とすることで、上から見ると海底の色に溶け込む。また、腹部を白にすることで、下から見上げた時に海面の光に馴染むようになっている。ツマグロの場合は、さらに縁を黒くすることによって輪郭をぼかしているのだ。

　ツマグロの背の色が淡いのは、非常に浅い水域や潮間帯を生息域とするためである。絶えず背ビレが海上に出てしまうような浅瀬や珊瑚礁、ラグーンを回遊しており、波打ち際で遭遇する可能性も高い。

　普段、魚や無脊椎動物を餌とするツマグロが積極的に人を襲うことは少ないが、何かの拍子に浅瀬を歩く人の足に咬みつく場合もあるという。黒いヒレ先を見つけたら用心するに越したことはない。

Eating Data

【食べ物】
ボラ類、タイ類などの魚類、イカ、タコなど

【捕食戦術】
体色を利用して海底・海面に溶け込み捕食を行なう。また、インド洋では、複数の個体が共同で魚群を浅瀬に追い込み、捕食しやすくする例が報告されている。

● ツマグロ完全データ File

目名	メジロザメ目
科名	メジロザメ科
学名	Carcharhinus melanopterus
分布	中央・西部太平洋、インド洋の熱帯・亜熱帯地域、東部地中海。
生息場所	珊瑚礁やその周辺に生息し、幼魚は浅瀬にも侵入する。
生殖方法	胎生（母体依存型・胎盤タイプ）
大きさ	最大2mほど

大きさ比較

ツマグロの歯

ツマジロ
Silvertip shark

ツマグロと真逆　黒っぽい背中に先だけ白い背ビレ

● ツマジロのプロフィール

ツマジロは、名前の通りにすべてのヒレの先端や周縁が白銀色で縁取られるサメだ。

名前の似ているツマグロとは違って、全長は3m近くにまでなるほか、第2背ビレと臀ビレが極端に小さい。また吻が長く、その先端が丸くなっている。生息場所も浅瀬だけでなく、水深200m以深の中深層にも生息している。

ツマジロは、上下の顎ともに鋸歯状の歯を持つ。

細長く尖った下顎歯と鋭利な三角形状の上顎歯で、餌となるサバやマグロなどの硬骨魚をしっかりくわえて肉片をえぐって摂餌する。これはほかのメジロザメ科のサメと共通するものだ。一方でこのサメは、性格面において仲間と異なる点がある。

一般的にメジロザメ科は、前述のとおり捕食スタイルが攻撃的であるものの、手当たり次第に臨戦態勢を取るわけではなく、刺激をしなければ危険は少ないタイプのサメだと言われている。

ところが、縄張りを持つツマジロはやや神経質な性格で、ダイバーなど接近する者を認識すると、即座に直接的な攻撃姿勢を取ることもある。

ツマジロを見かけたら、動向に注意を払いつつ、近づきすぎないことが肝要である。

Eating Data
【食べ物】
小型のサメを含む軟骨魚類、サバ、マグロなどの硬骨魚類、タコなど

【捕食戦術】
幅広い斜めの三角形状の上顎の歯と、際立って尖る下顎の歯をいかして餌に咬みつき、くわえこむ。

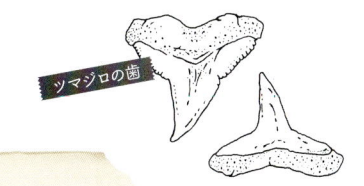

ツマジロの歯

● ツマジロ完全データ File

目　名	メジロザメ目
科　名	メジロザメ科
学　名	Carcharhinus albimarginatus
分　布	太平洋、インド洋の熱帯海域に分布。日本近海では確認されていない。
生息場所	大陸、島嶼周辺の水深30mの表層域～800m中深層域。
生殖方法	胎生（母体依存型・胎盤タイプ）
大きさ	最大3mほど
大きさ比較	

ツマジロ

061

ナヌカザメ
Japanese swellshark

フグのように体を膨らますことができる風船ザメ

● ナヌカザメのプロフィール

明るい褐色に黒っぽい斑点のあるオタマジャクシのようにずんぐりした体格、丸く短い吻、かなり後部に配された第1背ビレと、メジロザメ目に属しながら、ナヌカザメはメジロザメ（ヤジブカ）などとは大きく形状を異にする。

しかも全長1m程度のナヌカザメは、捕食される危険に遭遇すると、水や空気を取り込んで体を膨らますことで身を守るのだ。

小さな洞窟や岩の割れ目などに隠れている時に襲われても、これで隙間にピッタリはまり体の表面のざらざらした鱗で固定できるため、引きずり出されることを防げる。隠れる場所が無い場合でも、一瞬にして1.5倍もの大きさに膨らむことで敵を驚かせるというわけだ。

ただし、ナヌカザメが海面に数日間もプカプカ浮いているのが目撃されていることから、一度膨らむと元に戻るのは難しいようだ。

こういった習性が英語名のスウェルシャーク（膨らむサメ）に表われているが、和名のナヌカザメは、陸に放置しても7日間は生きられるという意味らしい。実際にはそれほど生きられるはずもないが、水を保持することから陸上でも多少の耐性があるという特徴を示している。

Eating Data
【食べ物】
ヌタウナギ類、カラスザメ、ギンザメなどの軟骨魚類、カタクチイワシ、カサゴなどの硬骨魚類、甲殻類、イカ、タコなど

【捕食戦術】
体長に比べて大きな口を持ち、動きの遅い魚類を中心に捕食する。細かく鋭い歯を使って獲物を突き刺し食べる。

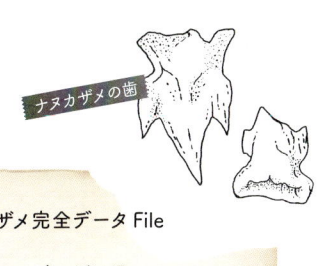

● ナヌカザメ完全データ File

目 名	メジロザメ目
科 名	トラザメ科
学 名	Cephaloscyllium umbratile
分 布	東シナ海、日本周辺海域など北西太平洋に分布し、日本では、北海道南部以南の各地に生息する。
生息場所	大陸棚から水深700mまでの大陸斜面。
生殖方法	卵生（単卵生）
大きさ	最大1.1mほど
大きさ比較	

トラザメ
Cloudy catshark

「虎」といっても性格はとってもおとなしい

● トラザメのプロフィール

　和名のトラザメと、英語名のタイガーシャークは別の種類である。後者は大型の人食いザメであるイタチザメのことだが、こちらのトラザメは全長40cmで成熟するほどに小さく、性格もおとなしい。名前は、体に斑紋があることにちなむ。

　このトラザメの繁殖方法は卵生で、特筆すべきはその卵殻の形である。卵殻は全長5cmの長方形で飴色をしている。海藻の間に産み付けられ、卵殻の四隅から伸びる触手のような張り出しによって海藻に固定されるのだ。こうして卵殻内の卵は7〜11か月をかけて孵化に至る。

トラザメの歯

● トラザメ完全データ File

目 名	メジロザメ目
科 名	トラザメ科
学 名	Scyliorhinus torazame
分 布	台湾、東シナ海、朝鮮半島に分布。日本では北海道南部以南の各地に分布する。
生息場所	沿岸海域の水深300m以浅の砂泥底などに生息。
生殖方法	卵生（単卵生）
大きさ	最大 50cmほど
大きさ比較	

Eating Data

【食べ物】　エビ・カニなどの甲殻類、環形動物など
【捕食戦術】　口腔を開いて接近した餌を吸い込むようにしてくわえこむ。

タテスジトラザメ

Striped catshark

ストライプ柄をクールに着こなす小型のサメ

● タテスジトラザメのプロフィール

　全長1m弱の小型のタテスジトラザメは、頭から背ビレにかけて走る7本の黒い縦縞が特徴だ。和名だけでなく英語名でもストライプキャットシャークと、この特徴が名前に取り入れられている。

　餌となる生物は多様で、シャコやカニ、イカ・タコ類に加え、貝類、硬骨魚類など。しかしその一方で全長が1mほどしかないため、大型魚類やほかのサメの餌となってしまう。

　ただし、環境の変化への適応力があるので、水族館でよく飼育展示されている。水槽越しに出会う可能性が高いサメだ。

タテスジトラザメの歯

● タテスジトラザメ完全データFile

目 名	メジロザメ目
科 名	トラザメ科
学 名	Poroderma africanum
分 布	大西洋、インド洋の南アフリカの近辺に分布し、日本近海に分布しない。
生息場所	水深280m程度までの浅海の砂泥底や岩場。
生殖方法	卵生（単卵生）
大きさ	最大1mほど
大きさ比較	

Eating Data

- 【食べ物】シャコ、イカ、タコ、アンチョビ類、ホウボウ類などの小型魚類、カニなどの甲殻類
- 【捕食戦術】夜間に活発に捕食を行なう。とくに体の縦縞を利用してカムフラージュし、接近してきた獲物を捕らえる。

トラザメの仲間

ナガサキトラザメ
Nagasaki catshark

【目名】メジロザメ目【科名】トラザメ科【学名】Halaelurus buergeri 【分布】北西太平洋に分布し、日本では長崎沖から東シナ海にかけて生息 【生息場所】水深80m〜210mの大陸棚から大陸斜面 【生殖方法】卵生（複卵生）【大きさ】最大50cmほど

細長い体型で、茶褐色の皮膚に黒い斑紋が散在する。ヒョウザメやタイワンザメとよく似ているため間違えられやすいが、第1背ビレが腹ビレのやや後方にある点で見分けることができる。

ヨーロッパトラザメ
Nursehound

【目名】メジロザメ目【科名】トラザメ科【学名】Scyliorhinus stellaris 【分布】北東大西洋および地中海に分布し、日本近海には生息しない 【生息場所】沿岸の岩礁域、藻場 【生殖方法】卵生（単卵生）【大きさ】最大1.6mほど

トラザメ科のサメのなかでは最大の種で、体一面に黒い斑点が点在している。夜行性で、日中は海底の岩穴などで過ごし、夜間に狩りを始める。餌となるのはカレイ、ニシンなどの硬骨魚類のほか、カニ、小型のサメなど。

コクテンサンゴトラザメ

○ Australian marbled catshark

【目名】メジロザメ目【科名】トラザメ科
【学名】Atelomycterus macleayi 【分布】オーストラリア北部沿岸に分布し、日本近海には生息しない
【生息場所】浅い水深の珊瑚礁海底 【生殖方法】卵生（単卵生）【大きさ】最大60cmほど

細く円筒形の体型で、規則正しく並ぶ黒い斑点と、白斑点が散在する。日中は珊瑚礁などに隠れて過ごし、夜間に餌となる小さな無脊椎動物や硬骨魚などを求めて活動する。

ニホンヤモリザメ

○ Broadfin sawtail catshark

【目名】メジロザメ目【科名】トラザメ科【学名】Galeus nipponensis 【分布】北西太平洋に分布。日本では相模湾以南の太平洋側と沖縄諸島に生息 【生息場所】水深360m～840mの大陸斜面 【生殖方法】卵生（単卵生）【大きさ】最大70cmほど

その名の通り、日本近海にだけ4種が生息する。尾ビレの上部に、ノコギリ状の変形した大きな鱗があり、自己防衛のために利用される。駿河湾では小型の魚類やイカ、タコ類、甲殻類などを食べているようだ。

トラザメの仲間

タイワンザメ
Graceful catshark

小顔と華奢な体がトレードマーク　近海に出没する変わり者

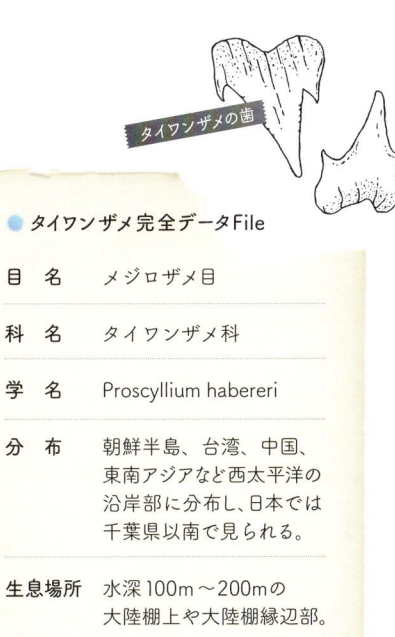

● タイワンザメのプロフィール

　タイワンザメは、最大でも全長65cmほどにしかならない小型のサメである。

　北西太平洋の水深100〜200mの大陸棚、もしくは大陸棚縁辺部に生息しており、日本では和歌山県白浜、高知県の以布利および柏島、九州南岸などで確認されている。

　短くやや尖った吻を持つ頭部は小さく、体は細長いため一般的なサメの体型とはやや異なった姿をしている。ヒレを含む背部と側部には、褐色のぼんやりした鞍状紋と、目と同じくらいの黒い斑紋がある。

　特徴的な姿だが、実は似た種類のサメに、ヒョウザメとナガサキトラザメがいる。

　タイワンザメと同じタイワンザメ類に属する前者は、黒い斑紋の数がタイワンザメよりも密になっているだけしか外見の違いがないため、見分けがつきにくい。

むしろ、単なる個体変異として同種と考える見解もある。

　後者は第1背ビレの位置が違っているため、別種であることは明白だ。

　その名のとおり長崎でよく見かけるサメで分布域も重なっているが、第一背ビレが腹ビレよりも前に位置しているのがタイワンザメ、かたや腹ビレのほぼ真上にあるのがナガサキトラザメという風に区別できる。

Eating Data

【食べ物】
小型魚類、タコ、イカ、甲殻類

【捕食戦術】
泳ぎ回りながら臭いで獲物を探し、忍び寄って捕食する。巣のなかに隠れている獲物を掘り出して食べる可能性も指摘されている。

タイワンザメの歯

● タイワンザメ完全データFile

目　名	メジロザメ目
科　名	タイワンザメ科
学　名	Proscyllium habereri
分　布	朝鮮半島、台湾、中国、東南アジアなど西太平洋の沿岸部に分布し、日本では千葉県以南で見られる。
生息場所	水深100m〜200mの大陸棚上や大陸棚縁辺部。
生殖方法	卵生
大きさ	最大65cmほど
大きさ比較	

タイワンザメ

069

ドチザメ

◯ Banded houndshark

サメらしい外見だが実はおとなしい水族館の常連

● ドチザメのプロフィール

扁平で丸い吻に楕円形の鋭い目、流線型の体と、見るからにサメとわかるフォルムをしているドチザメは、灰色の体に黒っぽい鞍状斑を持つのが特徴である。

全長は約1.5m程度と小さく、そのサメらしい姿から想起されるイメージとは違っておとなしい。

浅瀬を好むドチザメは、海草の茂った海底にじっとしていることが多く、夜間にわかに活発化し、小魚や甲殻類などの無脊椎動物を食べる。それでも性格はいたって穏やかで、人に出くわしても攻撃に移るところか素早く逃げてしまう。

また彼らは、淡水が流れ込み、温度変化や日照の変化の大きい浅瀬や内湾の藻場、砂泥底で平然と暮らす耐性を身につけている。

このようにドチザメは人に危害を加える可能性が低いうえに、飼育しやすいことから水族館の常連となっている。

分布域は太平洋北西部の沿岸で、日本でも東北以南の沿岸に生息しているため、ダイバーが遭遇することもある。ひと目でサメとわかる顔つきに一瞬ヒヤリとするだろうが、ドチザメであれば身の危険は少ない。

2015年9月には、海水を堀に取り入れている愛媛県の今治城の内堀で度々ドチザメが目撃されたというニュースが流れた。日本では親しみ深いサメといえるだろう。

Eating Data
【食べ物】
小魚や甲殻類など

【捕食戦術】
主に夜間になると浅瀬に出て捕食活動を行なう。

● ドチザメ完全データFile

目 名	メジロザメ目
科 名	ドチザメ科
学 名	Triakis scyllium
分 布	南シナ海を含む北西太平洋に分布。日本では東北以南の太平洋、日本海、東シナ海で見られる。
生息場所	内湾や沿岸の砂泥底に生息する。
生殖方法	胎生（卵黄依存型）
大きさ	最大1.5mほど

大きさ比較

カリフォルニアドチザメ
Leopard shark

世界中の水族館で大人気　鞍のような模様が美しいサメ

● カリフォルニアドチザメのプロフィール

日本に生息するドチザメの仲間で、その名の通りカリフォルニア周辺、つまりアメリカ西海岸に分布し、沿岸部の砂泥底、岩礁、岩場などに生息するのがカリフォルニアドチザメである。

口内にはおろし金のような細かい歯が並び、エビや小魚を食べる。

このカリフォルニアドチザメの特徴は、何といっても体の紋様である。

黒く縁取りされた鞍状の斑紋が、頭部から尾にかけて背を飾り、隙間を斑点が埋める。

英語でレオパードシャークと呼ばれるように、その紋様はヒョウ柄にも似ている。

これは目立つためではなく、むしろ生息地である沿岸の砂泥底などで姿をカムフラージュするのに役立つ。

ほかのサメなどに狙われやすい、若く小さい個体に特にはっきりと見られる紋様で、体が大きくなってくると次第に斑点が消えていく。

この点も紋様の役割を示す生態といえるだろう。

生息する環境だけでなく、環境変化に強いところもドチザメと似ている。体も丈夫であるため、日本を含む世界各地の水族館で見ることができる。

カリフォルニアドチザメは、性格も穏やかで、もしアメリカの西海岸で出くわすことがあっても、危害を加えられる心配は少ないだろう。

Eating Data
【食べ物】
小型の硬骨魚類、エビなどの甲殻類

【捕食戦術】
口腔を円形に広げて吸い込むようにして捕食する。

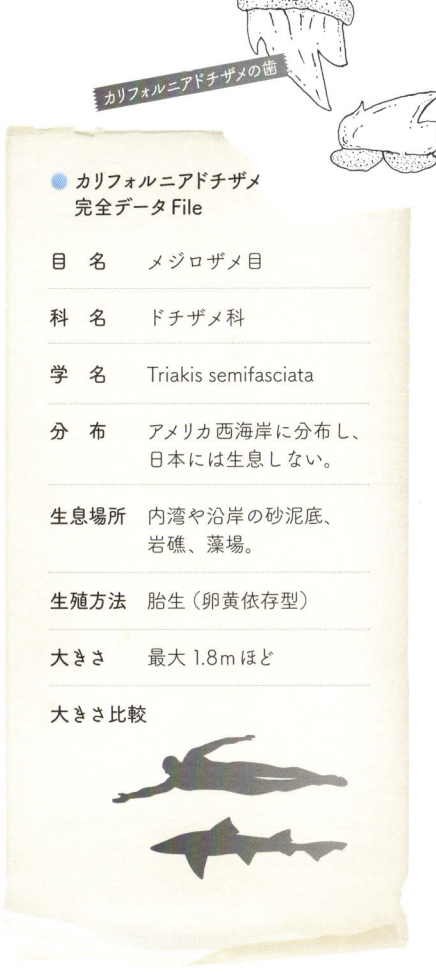

● カリフォルニアドチザメ 完全データFile

目 名	メジロザメ目
科 名	ドチザメ科
学 名	Triakis semifasciata
分 布	アメリカ西海岸に分布し、日本には生息しない。
生息場所	内湾や沿岸の砂泥底、岩礁、藻場。
生殖方法	胎生（卵黄依存型）
大きさ	最大1.8mほど

大きさ比較

ホシザメ

Starspotted smoothhound

ホシザメ完全データFile

目 名	メジロザメ目
科 名	ドチザメ科
学 名	Mustelus manazo
分 布	南シナ海、東シナ海などの北西太平洋、西部インド洋に分布。日本では北海道以南の各地に生息。
生息場所	水深200m以浅の砂泥底に生息するが、時に500m以深に潜る。
生殖方法	胎生（母体依存型・子宮分泌タイプ）
大きさ	最大1.4mほど
大きさ比較	

硬い殻を食べるために歯を進化させた星柄のサメ

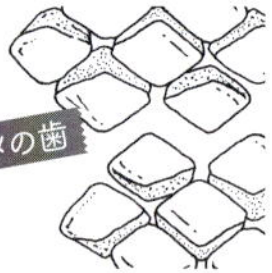

● ホシザメのプロフィール

　灰色の背部や側部にある星のような小さな白色点がトレードマークのホシザメは、太平洋北西部やインド洋西部、北海道以南の日本各地に分布し、沿岸の砂泥底に生息する。

　メスでも最大で全長1.4m程度と小型のホシザメは、主にエビやカニを捕食するが、貝も好んで食べる。

　こうした硬い殻を持つ餌を食べるため、ホシザメの歯は平らで敷石状に並んでいるのが特徴である。

　人も好む餌を摂取しているせいか、ホシザメの肉は美味とされ、かまぼこなどの練り製品などに用いられることがある。

ホシザメの歯

Eating Data

【食べ物】	カニ類、エビ類、貝類、イカ
【捕食戦術】	平たく敷石状の歯ですり潰して中身を食べる一方、底泥中の魚を丸呑みすることもある。

シロザメ
Spotless smooth-hound

東京湾にも棲んでいる　食べるとおいしい白いサメ

● シロザメのプロフィール

　北海道以南の日本沿岸や南シナ海の砂泥底に生息しているシロザメは、多摩川の河口にも出没することがあり、日本人にとって比較的身近な存在だ。

　シロザメは体色以外の姿や生態がホシザメとよく似ているが、両者は生息地が重なり、時々一緒に捕獲されていた。しかし、シロザメのほうが南方系で成長が早く、徐々にホシザメの生息域を侵略しているようだ。

　通常サメはアンモニア臭が強いが、シロザメはアンモニア臭が出にくく、もっともおいしいサメとして知られる。フライのほか湯引きや刺身で食べることも可能だ。

シロザメの歯

● シロザメ完全データFile

目 名	メジロザメ目
科 名	ドチザメ科
学 名	Mustelus griseus
分 布	北西太平洋の熱帯から温帯海域。日本では北海道以南に分布する。
生息場所	水深20m～260mの砂泥底。
生殖方法	胎生 （母体依存型・胎盤タイプ）
大きさ	最大1.1mほど
大きさ比較	

Eating Data

【食べ物】　エビ・ヤドカリ・カニなどの甲殻類
【捕食戦術】　泳ぎ回りながら、臭いを頼りに接近し、ロレンチーニ瓶で餌を探し当てて捕食する。

シロシュモクザメ
Smooth hammerhead

センサーや舵を極めるために異形の頭部を獲得した「海のエイリアン」

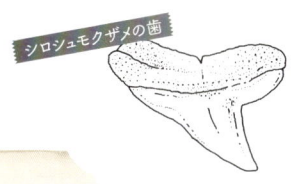

● シロシュモクザメのプロフィール

体は紡錘形で青灰褐色とサメらしいのに、頭部が生物全体でも大変珍しい形をしているのが、シュモクザメ科のサメたちである。シロシュモクザメのほかにも、ヒラシュモクザメ、アカシュモクザメなど数種が確認されている。
「シュモク＝撞木」とは、鐘を鳴らすT字状の棒で、不自然に張り出した頭部をうまく表現した名称と言えよう。

この頭の形に合わせて、目が両サイドの側面に、鼻孔が先端の両端にある。鼻孔の2つの孔が近くにあるより、広く匂いをキャッチして獲物の位置を突き止める精度が高まるようだ。また、顔の面積を広げることでロレンチーニ瓶（133ページ）のスペースも増加するため、捕食に有益と思われる。とはいえ、なぜハンマーのような形なのか。

この問いに対する有力な説が、舵の役割も果たすというもの。シュモクザメは、頭を潜水艦の潜航舵のようにして深く潜ったり浮上したりしているというわけだ。そのためか、シュモクザメの胸ビレは他のサメに比べて小さくなっている。

シュモクザメは外見上での区別がつきにくいが、シロシュモクザメ以外の種が頭部先端の中央に凹みを持っているのに対し、シロシュモクザメだけが凹みを持っていない点で見分けられる。

Eating Data

【食べ物】
イワシなどの硬骨魚類、イカ類、エイ、小型のサメなどの軟骨魚類

【捕食戦術】
頭部の両端に空いた鼻孔周辺に集まる器官を使って、餌の位置を探す。また、捕食の際には、頭で獲物を海底に押さえつけて食いちぎる。

● シロシュモクザメ完全データFile

目名	メジロザメ目
科名	シュモクザメ科
学名	Sphyrna zygaena
分布	太平洋、インド洋、大西洋、地中海の熱帯・亜熱帯・温帯海域。日本では北海道以南の各地に分布する。
生息場所	沿岸から外洋域の表層域。
生殖方法	胎生（母体依存型・胎盤タイプ）
大きさ	最大4mほど
大きさ比較	

シロシュモクザメの歯

アカシュモクザメ
○ Scalloped hammerhead

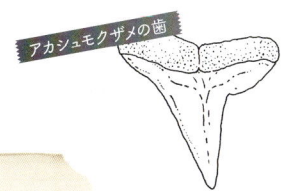

数百を超える群れを形成する大型のシュモクザメ

● アカシュモクザメのプロフィール

　アカシュモクザメは、数種類のシュモクザメのなかで、熱帯の海域でもっとも遭遇することの多い種である。

　このアカシュモクザメには、成熟しても数百匹もの大群となって移動するという珍しい生態がある。それぞれが、一定の距離を保ちながら同じ方向に泳ぎ同じ行動をとるのである。しかも群れのなかでは、主に体の大きさによる序列があるようだ。

　ではなぜ4m近くにも成長する大型のサメが、群れをつくる必要があるのか。

　この理由としては、効率的な遊泳のため、餌探しのため、生殖目的、防衛目的と諸説が挙げられている。

　まず遊泳のためとする説は、アカシュモクザメが流れのないところでも群れるため、あまり根拠がない。餌探しについても、餌を取る際に群れを解消してしまうため、信憑性は薄い。

　では出逢いを求めているのかというと、群れのなかに未成熟な個体が少なくないことから説明がつかない。大型で凶暴なホホジロザメやイタチザメから身を守るという理由も、生息域が違うばかりか、アカシュモクザメ自体が4mを超える巨体であるため、必要性は薄い。

　このようにアカシュモクザメが群れを作る理由は、未だ謎に包まれている。

Eating Data

【食べ物】
イワシ、アジなど硬骨魚類、エイ、小型のサメ類などの軟骨魚類、タコなど

【捕食戦術】
頭部の両端に空いた鼻孔周辺に集まる器官を使って、餌の位置を探す。捕食の際には、頭で獲物を海底に押さえつけて食いちぎる。

● アカシュモクザメ完全データFile

目名	メジロザメ目
科名	シュモクザメ科
学名	Sphyrna lewini
分布	太平洋、インド洋、大西洋、地中海の熱帯・亜熱帯・温帯海域に分布、日本では青森県以南の太平洋・日本海・伊豆諸島・沖縄などに生息する。
生息場所	大陸や島嶼周辺の浅海から水深800m程度に生息し、湾内の浅瀬や河口にも入り込む。
生殖方法	胎生（母体依存型・胎盤タイプ）
大きさ	最大4.2mほど
大きさ比較	

ウチワシュモクザメ
Bonnethead Shark

意外な能力が判明した団扇型の頭部を持つシュモクザメ

● ウチワシュモクザメのプロフィール

シュモクザメのなかでも最小のウチワシュモクザメは、頭の形が団扇のように丸みを帯びていて容易に判別ができる。

日本周辺の海域では見かけることはないが、アメリカ大陸沿岸部では、大きな群れで行動する生態の調査が進んでいる。

どうやらこちらの種もアカシュモクザメと同様、体の大きさによって群れでの序列が決まるらしい。そうした序列関係のもと、集団内では平和的だが、外敵が接近すると攻撃的になることもあるようだ。

ウチワシュモクザメは、2001年に驚くべき能力が明らかとなっている。

それがメスの単為生殖である。アメリカのある水族館で、メスのウチワシュモクザメ3尾を3年にわたって飼育したところ、そのうちの1尾が仔を生んだのである。同じ水槽にいた他種のオスのサメとの交尾、もしくは捕獲前の交尾による妊娠の可能性も検討されたが、産まれた仔の遺伝子が母親とまったく同じものであったことから、このメスが交尾をすることなく妊娠したことが確認された。

本来はオスとメスの交尾によって生み出される遺伝的な多様性が、種の生存能力強化につながるもの。処女生殖はその種の急激な減少を招く危険があり望ましいことではないが、オスが少ない環境下において子孫を残すため、メスのウチワシュモクザメには未受精卵を発生させる機能が備わっていると考えられる。

Eating Data
【食べ物】
甲殻類、二枚貝、タコ、小型の魚類など
【捕食戦術】
鋭い前歯で獲物に咬みつき、平たい後歯ですりつぶして食べる。

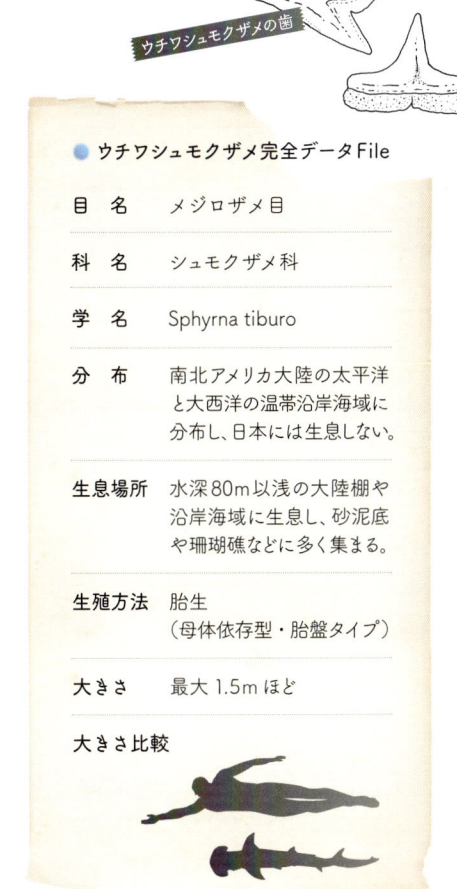

ウチワシュモクザメの歯

● ウチワシュモクザメ完全データFile

目名	メジロザメ目
科名	シュモクザメ科
学名	Sphyrna tiburo
分布	南北アメリカ大陸の太平洋と大西洋の温帯沿岸海域に分布し、日本には生息しない。
生息場所	水深80m以浅の大陸棚や沿岸海域に生息し、砂泥底や珊瑚礁などに多く集まる。
生殖方法	胎生（母体依存型・胎盤タイプ）
大きさ	最大1.5mほど
大きさ比較	

ヒラシュモクザメ

Great hammerhead

ヒラシュモクザメ完全データFile

目　名	メジロザメ目
科　名	シュモクザメ科
学　名	Sphyrna mokarran
分　布	大西洋、太平洋、インド洋の熱帯・亜熱帯海域に分布。日本では南日本に分布する。
生息場所	沿岸から外洋にかけての表層から水深80m以深に生息。
生殖方法	胎生（母体依存型・胎盤タイプ）
大きさ	最大6mほど
大きさ比較	

ヒラシュモクザメの歯

回遊の習性を持つシュモクザメ科最大の種

● ヒラシュモクザメのプロフィール

　ヒラシュモクザメは、シュモクザメ科のサメのなかで最大の種で、全長は平均4〜5m。6mを超える個体も報告されている。
　外洋性であるため、人間の生活圏で遭遇する可能性は低い。餌となるのは大型硬骨魚や他種のサメなどで、特に大型のアカエイを好んで捕食する。海底からエイを探し出すと、頭部で押さえ込み捕食する姿が観察されている。その際、反撃を食らってアカエイの棘が口のなかに刺さったままの個体もいるようだ。
　また、夏季にはフロリダ沖や東シナ海沖から北上する回遊の習性が確認されている。

Eating Data

【食べ物】　硬骨魚類、小型のサメ類などを摂餌し、アカエイを好む。
【捕食戦術】　頭部の両端に空いた鼻孔周辺に集まる器官を使って、餌の位置を探す。また、捕食の際には、頭で獲物を海底に押さえつけて食いちぎる。

Column ④ 世界の偽ザメ　サメのようでサメでない、紛らわしいヤツら

　サメと冠されていながら、実はサメの仲間に含まれない「偽ザメ」が案外多いのをご存じだろうか。

　高級食材のひとつ「キャビア」が、チョウザメの卵であることはよく知られている。しかし、サメは軟骨魚類なのに対し、チョウザメは硬骨魚類で川に棲む淡水魚。尖った口先や尾びれ、体型など外見はサメそっくりだが、これは他人のそら似である。

　上司や大物にくっついて一緒に行動する人間は、よくコバンザメにたとえられる。

　不名誉なたとえに用いられてしまったコバンザメもやはり硬骨魚類で、サメではない。

　コバンザメは、大型の生物に吸盤で吸いついて行動するのだが、よくサメに吸いついている上に、自分もサメに似た体型をしている。これでは、サメと呼ばれるのも無理はないが、実際はスズキ目に属する魚類だ。

　頭部が平べったいサカタザメという種類がいるが、これもサメではなくエイの仲間。一般的なエイは、体全体が平べったくて尾ビレがないが、サカタザメは胴体部分が細長く、尾ビレもあるのでサメに見えたのだろう。

　また、ギンザメは軟骨魚類の一種だがサメでもエイでもない。サメもエイも板鰓類（ばんさいるい）に分類されるが、ギンザメは全頭類だ。

　ギンザメは一見サメと似ているが、あごが頭蓋と融合していて、噴水孔がなく、皮膚がツルツルしているなど、サメとは違う特徴が多い。

卵がキャビアとして珍重されるチョウザメは、サメに似た特徴を持つ古代魚の生き残りとされるが、硬骨魚類に分類される。

コバンザメは、スズキ目コバンザメ科に分類される硬骨魚類。サメやウミガメ、クジラなどに吸い付いて、寄生虫、排泄物、餌のおこぼれを食べて共存している。

ネコザメ
Japanese bullhead shark

ネコザメ完全データFile

目 名	ネコザメ目
科 名	ネコザメ科
学 名	Heterodontus japonicus
分 布	北太平洋の亜熱帯から温帯海域に分布し、日本では台湾にかけての西太平洋温帯海域に見られる。
生息場所	浅海の岩礁や藻場。
生殖方法	卵生（単卵生）
大きさ	最大70cmほど
大きさ比較	

かわいい外見とは裏腹に、堅牢なサザエの殻をも噛み砕く

ネコザメのプロフィール

　ネコザメは、頭部の形がネコのそれに似ていることから名付けられている。
　この形状は、中生代に繁栄した原始的なサメから現生のサメに進化する中間の特徴を残すものである。
　このネコザメには、サザエワリという別名がある。体型に比して大きめの頭部の腹面にある口のなかを見てみると、前方の歯は尖っているのに対し、両サイドの側歯は臼状で敷石のように並んでいる。これは、岩に張り付いているサザエを前歯で剥ぎ取ったあとに、殻のまま噛み砕いて肉を食べる摂餌法に適した歯なのである。

Eating Data

【食べ物】　貝類、エビ・カニなどの甲殻類、ウニなど
【捕食戦術】　餌を海底や岩の間から探し出し、拳のような奥歯で堅い殻を噛み砕き、すり潰して中身を食べる。

ネコザメの歯

ポートジャクソンネコザメ

Port Jackson shark

ポートジャクソンネコザメ 完全データFile

目　名	ネコザメ目
科　名	ネコザメ科
学　名	Heterodontus portusjacksoni
分　布	北部を除くオーストラリア沿岸海域とニュージーランド周辺海域に分布し、日本には生息しない。
生息場所	沿岸の岩礁地帯や砂泥底。
生殖方法	卵生（単卵生）
大きさ	最大1.7mほど
大きさ比較	

サメ界で唯一、呼吸しながら食事ができるお上品なサメ

● ポートジャクソンネコザメのプロフィール

　ポートジャクソンネコザメは、目の上が眉毛のように少し隆起している。

　その顔の後ろの両側にそれぞれ5つのエラ孔が見える。通常サメは口から水を取り込み、エラすべてを使って呼吸するが、ポートジャクソンネコザメは一番前の長いエラから水を取り込み、残りの4つのエラ孔から水を出して呼吸することができる。そのため、餌を食べながら呼吸することが可能となっている。

　また、ポートジャクソンネコザメは、敵から身を守るために、第1背ビレの前に太い棘を備えている。

Eating Data

【食べ物】　貝類、エビ・カニなどの甲殻類、ウニなど
【捕食戦術】　餌を海底や岩の間から探し出し、拳のような奥歯で堅い殻を噛み砕き、すり潰して中身を食べる。

ポートジャクソンネコザメの歯

ネコザメの仲間

オデコネコザメ
○ Crested bullhead shark

【目名】ネコザメ目【科名】ネコザメ科
【学名】Heterodontus galeatus【分布】オーストラリア東岸に分布し、日本近海には生息しない【生息場所】沿岸の岩礁地帯、藻場などから水深100mほどの海底【生殖方法】卵生（単卵生）【大きさ】最大1.3mほど

ネコザメの特徴である丸みのある頭部に加え、眼窩上部が隆起する独自の特徴を持つ。ほかのネコザメと同じく貝や甲殻類を餌とし、捕食の際に頭部の隆起が目や頭の保護に一役買っている可能性が指摘される。

カリフォルニアネコザメ
○ Horn shark

【目名】ネコザメ目【科名】ネコザメ科
【学名】Heterodontus francisci【分布】カリフォルニアからメキシコまでの東太平洋海域に分布し、日本近海には生息しない【生息場所】水深2～150mの海底で、岩や石の多い場所を好む【生殖方法】卵生（単卵生）【大きさ】最大1.2mほど

北中米の西海岸にのみ生息するネコザメ。円筒形の体型で黄褐色もしくは灰色の体色に黒の斑点が散在する。第1、第2背ビレともに前縁に大きな棘を持ち、身を守る。

Column 5 サメに出会える主な水族館
海中最強の捕食者に見とれる21の場所

1. **おたる水族館**
   北海道小樽祝津 3-303
2. **仙台うみの杜水族館**
   宮城県仙台市宮城野区中野 4-6
3. **アクアマリンふくしま**
   福島県いわき市小名浜字辰巳町 50
4. **アクアワールド茨城県大洗水族館**
   茨城県東茨城郡大洗町磯浜町 8252-3
5. **鴨川シーワールド**
   千葉県鴨川市東町 1464-18
6. **すみだ水族館**
   東京都墨田区押上 1-1-2
7. **葛西臨海水族園**
   東京都江戸川区臨海町 6-2-3
8. **横浜・八景島シーパラダイス**
   神奈川県横浜市金沢区八景島
9. **新潟市水族館マリンピア日本海**
   新潟県新潟市中央区西船見町 5932-445
10. **のとじま水族館**
    石川県七尾市能登島曲町 15部40
11. **下田海中水族館**
    静岡県下田市 3-22-31
12. **東海大学海洋学部博物館**
    静岡県静岡市清水区三保 2389
13. **鳥羽水族館**
    三重県鳥羽市鳥羽 3-3-6
14. **海遊館**
    大阪府大阪市港区海岸通 1-1-10
15. **神戸市立須磨海浜水族園**
    兵庫県神戸市須磨区若宮町 1-3-5
16. **島根県立しまね海洋館「AQUAS」**
    島根県浜田市久代町 1117-2
17. **下関市立しものせき水族館「海響館」**
    山口県下関市あるかぽーと 6-1
18. **桂浜水族館**
    高知県高知市浦戸 778 桂浜公園内
19. **高知県立足摺海洋館**
    高知県土佐清水市三崎字今芝 4032
20. **マリンワールド海の中道**
    福岡県福岡市東区大字西戸崎 18-28
21. **沖縄美ら海水族館**
    沖縄県国頭郡本部町石川 424

サメのなかでもいくつかの種が日本各地の水族館で飼育され、その姿を間近に見ることができる。このページにあげた場所以外にも多くの水族館でサメが飼育されている。ホームページなどで見たいサメをチェックし、訪れてみよう。

カスザメ
Japanese angelshark

エイ？ サメ？ 砂のなかに紛れ込んでしまう平べったいサメ

● カスザメのプロフィール

　幅広く大きな胸ビレと腹ビレを持つカスザメは、まるでエイのような平たい体型のサメである。褐色の皮膚に黒っぽい斑点が散りばめられた体は、海底でのカムフラージュに適し、昼間は海底の砂をかぶって身を潜めている。

　餌に関しても、小魚や甲殻類などを好む点がまるでエイのようである。しかし、頭部から胸ビレが独立し、エラ孔もしっかりと胸ビレより前縁の側面にあって明らかにエイとは異なる。

　またエイは、海底に接する部分に口があり平らな歯で噛み砕くように摂餌するが、カスザメは吻の先端に口を持っている。口内には尖った歯が並び、捕食可能な範囲に獲物が入るや、目にも止まらぬ速さで咬みつき、捕らえてしまう。そして獲物を引き裂いて摂餌するのだ。

　そうしたカスザメには外見も性質もソックリな同属のコロザメがいる。

　カスザメの噴水孔が両眼の間隔よりも広いのに対してコロザメは狭いこと、カスザメの胸ビレの先の角度がほぼ直角なのに対してコロザメは直角よりも広いこと、カスザメの背中には一直線に並ぶ大きなウロコがあるのに対し、コロザメはこれがないことなど、両種の間には体に微妙な違いがあり、これらによって区別することができる。

Eating Data

【食べ物】
ヒラメ、カレイなど底生性魚類、小型の魚類、イカ、甲殻類、貝類など

【捕食戦術】
カムフラージュして海底に潜み、獲物が接近すると、頭より前にある口を伸ばして外へ突き出し、鋭い歯で素早く咬みつく。

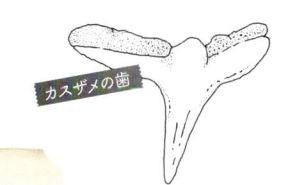

● カスザメ完全データFile

目名	カスザメ目
科名	カスザメ科
学名	Squatina japonica
分布	北海道南部から台湾までの太平洋、日本海に分布。
生息場所	水深200mくらいまでの大陸棚上の砂泥底。
生殖方法	胎生（卵黄依存型）
大きさ	最大2mほど

大きさ比較

ラブカ
○ Frill shark

サメ？ ウナギ？ 原始的特徴を残したサメ世界の生きた化石

● ラブカのプロフィール

　深海に棲む全長2m弱程度のカグラザメ目のラブカは、ウナギのような姿が特異な印象を与えるが、変わっているのは体型だけではない。

　ラブカは生きる化石と表現されることがあるように、原始的なサメの姿を残している。その1つが歯の形である。三ツ又の矛のような形の多尖頭の歯が列をなして生えているのだ。

　このラブカに似た歯を持つ生物を探すと、3億年以上も前に生息したとされる古代ザメの化石くらいしか見当たらない。

　鰓裂数が多くエラが長いというのも原始的なサメの証だ。そのエラ孔は6対もあるうえに、左右の第1鰓弁は顎の部分で繋がっている。

　またラブカはギネスに認定された、ある記録保持者でもある。

　それは妊娠期間。ラブカの妊娠期間は約3年半にも及ぶとされており、動物のなかでもっとも長いのだ。

　長い妊娠期間を経て生まれるラブカにはひとつ解明されていない謎がある。ラブカは世界各地の大陸棚から大陸斜面に生息しているが、どうしたわけか、全長60cm前後の生まれたての個体か、全長110cmを超える成体しか捕獲されない。青年期の個体がどこにいるかわからないのである。

　ラブカの独特な生態には、様々な神秘が詰まっているようだ。

Eating Data
【食べ物】
深海の小魚、イカ、タコなど

【捕食戦術】
顎を大きく開き、体を伸ばして獲物に食らいつき、歯に引っ掛けたうえで飲み込む。

ラブカの歯

● ラブカ完全データFile

目名	カグラザメ目
科名	ラブカ科
学名	Chlamydoselachus anguineus
分布	太平洋、インド洋、大西洋の冷帯から熱帯まで幅広く分布する。
生息場所	水深50m〜1500mの大陸棚や大陸斜面に生息。
生殖方法	胎生（卵黄依存型）
大きさ	最大2mほど
大きさ比較	

エビスザメ

Broadnose sevengill shark

エビスザメデータ完全 File

目名	カグラザメ目
科名	カグラザメ科
学名	Notorynchus cepedianus
分布	北大西洋を除く世界の亜熱帯から温帯海域に分布し、日本では、相模湾以南の南日本の太平洋、日本海に生息。
生息場所	水深50m以浅の海表層に生息し、大型個体は少なくとも140mまで潜る
生殖方法	胎生（卵黄依存型）
大きさ	最大3mほど
大きさ比較	

原始的な7つのエラ孔(あな)を持つ海の荒恵比寿

● エビスザメのプロフィール

　カグラザメ科に属するエビスザメには、エラ孔(あな)がカグラザメよりもさらに多く、7対ある。これはエドアブラザメとの2種だけに見られる、原始的なサメの特徴である。また、背ビレを1基しか持たず、丸みを帯びた下顎に櫛状の歯を持っている。

　名前につけられた「エビス」といえば、ふくよかな笑顔を思い浮かべるが、短くまるい吻に体中の黒点が顔まで及ぶエビスザメはこのイメージとは程遠い。エビスザメは時に全長3mを超え、群れでアザラシなどを襲う獰猛(どうもう)な一面を持っている。「エビス」の名は、恵比寿のもうひとつの意味、「荒々しい」という意味に通じる名称のようだ。

エビスザメの歯

Eating Data

【食べ物】　アザラシ・イルカなどの哺乳類、硬骨魚類や他種のサメなど
【捕食戦術】　アザラシなど大型の獲物を襲う際には群れをなして獲物を追い詰め捕食する。

エドアブラザメ

Sharpnose sevengill shark

エドアブラザメ完全データFile

目 名	カグラザメ目
科 名	カグラザメ科
学 名	Heptranchias perlo
分 布	太平洋北東部を除く、ほぼ全世界の暖海域に分布する。
生息場所	大陸棚上から大陸斜面の深海。
生殖方法	胎生（卵黄依存型）
大きさ	最大1.5mほど
大きさ比較	

エドアブラザメの歯

他種との混同を避けて江戸っ子を名乗る深海ザメ

エドアブラザメのプロフィール

　エドアブラザメは、7対のエラ孔に1基の背ビレという古代のサメの姿を留める。この特徴はエビスザメと共通するが、尖った吻に大きな目、暗色斑紋がない点で区別できる。

　少々ややこしいのはネーミングだ。アブラツノザメ、アブラザメなど名前の似ているサメは近縁ではない。東京でアブラザメと呼ばれていたことから、便宜上名前に「エド」とつけられた。ただし、水深300mほどの大陸棚上から、水深1000m付近の大陸斜面にかけて生息する深海性のサメであるため、東京ではあまり見かけない。

Eating Data

【食べ物】　タコ、イカ、硬骨魚類、サメ、エイなどの軟骨魚類
【捕食戦術】　上顎にある先端が尖り曲がった引っ掛ける歯と、下顎の広い櫛形の歯で捕食する。積極的な捕食を行なう時期と行なわない時期があると見られる。

093

カグラザメ
Bluntnose sixgill shark

一度に100匹以上を生むもっとも多産な深海ザメ

● カグラザメのプロフィール

太平洋、大西洋、インド洋の熱帯、亜熱帯、温帯海域に分布し、水深200mより深い大陸棚以深に生息するカグラザメは、エラ孔が多いという原始的なサメの特徴を残す。

多くのサメのエラ孔は5対であるのに対し、カグラザメは6対である。全長は5mにも達することもあり、カグラザメ科のなかでもっとも大きい。

カグラザメは、日中は水深1800mほどの深海にいて、夜間に30mほどにまで浮上してくることもある。胃からは小型のサメやエイ、タラ、カジキなどの魚類や頭足類、甲殻類、アシカなどの哺乳類のほかに、深海に棲むヤツメウナギやメクラウナギなどが検出されている。

目撃例が少なく謎の多いサメだが、調査によると深海ザメでありながら浅海で出産する可能性があるという。

カナダのブリティッシュコロンビア沖で、7〜11月頃に水深30〜3mのエリアで出産直後と思われるカグラザメのメスや幼魚が確認されているのだ。

カグラザメの出産で特筆すべきなのは、サメのなかでも多産な種であるということだ。なんと1腹に108の胎仔がいた記録がある。ただしこれは、カグラザメの幼魚が熾烈な生存競争にさらされていることを示しているのかもしれない。

Eating Data

【食べ物】
イカ、タラ類、サケ類、イワシ類、深海性のヤツメウナギなど、表層から深海に分布する多様な生物を摂餌する

【捕食戦術】
非常にゆったりとした速度で泳ぎながら、餌に食らいつくと強い顎の力で食いちぎる。

カグラザメの歯

● カグラザメ完全データFile

目 名	カグラザメ目
科 名	カグラザメ科
学 名	Hexanchus griseus
分 布	世界の海洋に広く分布し、日本では東北以南に生息する。
生息場所	全世界の2000mほどの深海。夜間に水深30mほどまで浮上することもある。
生殖方法	胎生（卵黄依存型）
大きさ	最大5mほど

大きさ比較

カグラザメ

ニシオンデンザメ
Greenland Shark

光る寄生虫を目に宿す！時速2kmののんびり大食いシャーク

● ニシオンデンザメのプロフィール

ニシオンデンザメは体長40cmほどで生まれ、6.4m〜7mを超えるほどの大きさになる、ホホジロザメに匹敵するほどの巨大なサメだ。

水温2〜7度の寒冷深海域に生息する世界最北のサメで、古くからイヌイットなどの伝説に登場してきた。

オンデンザメ属のサメには、「スリーパーシャーク」というあだ名がある。それは、いつも「眠そう」で動きが遅いため。おとなしく抵抗もしないので、簡単に漁師に捕まってしまう。泳ぎの最高速度も時速2km程度といわれ、目撃された個体は皆水中をゆっくりと泳いでいた。

しかし、アザラシやアシカなど速く泳ぐ生物も食べた形跡があるので、突発的にスピードを出す力も秘めているのではないかと思われる。

とにかく食べることに貪欲で、大食いなのが特徴。生きているものでも死骸でも食べる。仮に頭や体に一撃を受けたとしても、無視して食事を続けるだろう。胃の中からは魚、イカ、アザラシ、トナカイ、イッカク、シロイルカ、セミイルカ、ホッキョククジラなどが見つかり、さらに共食いさえすることもわかっている。

このサメの肉は生のままだと有毒で、食べるとアルコール中毒のような症状を起こすが、日に干したり、湯で繰り返し煮たりすると毒が消えて食用にできる。

Eating Data

【食べ物】
魚類、鳥類、アザラシ類など

【捕食戦術】
獲物に忍び寄り食らいつく。深海では、光る寄生虫を目に寄生させ、獲物をおびき寄せて食らいつくともいわれる。

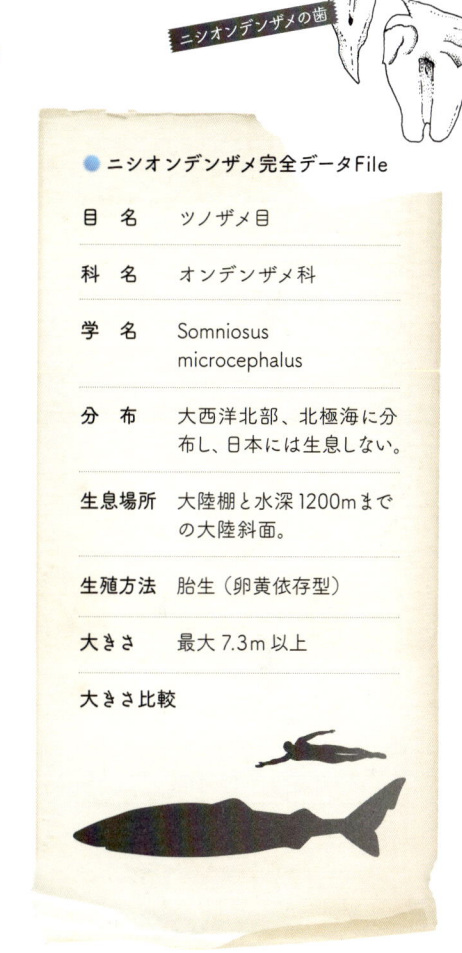

● ニシオンデンザメ完全データFile

目名	ツノザメ目
科名	オンデンザメ科
学名	Somniosus microcephalus
分布	大西洋北部、北極海に分布し、日本には生息しない。
生息場所	大陸棚と水深1200mまでの大陸斜面。
生殖方法	胎生（卵黄依存型）
大きさ	最大7.3m以上
大きさ比較	

フトツノザメ
Shortspine spurdog

エメラルドグリーンの瞳にのぞく深海の神秘

● フトツノザメのプロフィール

フトツノザメは20～30cmで生まれ、全長80～150cmほどに成長する、少し小さめのサメである。主に沿岸の大陸棚上から水深500mの中深層にかけて生息する深海ザメだが、冬場は浅瀬に現われることもよくある。

名前の由来は、ツノザメのなかで少し太めの体型をしているから、第1背ビレと第2背ビレの前方に太くて鋭い棘（角）を持つから、静岡県の富戸でよく獲れるから……など、様々な説があるようだ。

フトツノザメは体に白点がなく、頭が幅広いことでほかのツノザメ科のサメと区別されてきたが、近年多くの新種が発見されているため、分類が難しくなっている。

フトツノザメの明確な特徴のひとつはその目にある。

フトツノザメに光を当てると瞳がきれいなエメラルドグリーンに輝くのだ。これは網膜の奥の反射膜（タペータム）に光が反射するために起こる現象。弱い光が網膜の桿体を刺激して通りぬけ、その奥にある反射膜に当たって再び桿体を刺激することで、暗いなかでもよく見える。ネコなど夜行性の動物にも備わっている能力である。

暗い深海で光を効率よく利用する手段であり、ほかにもユメザメやカグラザメなど、光の届かない深海に生息するサメが同様の能力を持っている。

Eating Data
【食べ物】
硬骨魚類、無脊椎動物

【捕食戦術】
泳ぎ回りながら臭いを頼りに獲物に接近し、ロレンチーニ瓶で探し当てて補食する。

● フトツノザメ完全データFile

目 名	ツノザメ目
科 名	ツノザメ科
学 名	Squalus mitsukurii
分 布	太平洋、オーストラリア南部、カリブ海北部、アフリカ大陸沿岸、インド洋の沿岸部に分布し、日本では東北以南の太平洋側に見られる。
生息場所	水深150m～600mほどの大陸棚域に生息し、時に表層まで浮上する。
生殖方法	胎生（卵黄依存型）
大きさ	最大1.5mほど
大きさ比較	

フトツノザメの歯

ヒゲツノザメ
Mandarin dogfish

中国の官吏のようなヒゲで海底の獲物を感知

● ヒゲツノザメのプロフィール

ヒゲツノザメの全長は1.2mほど。ずんぐりとした太めの体型で、臀ビレがなく、フトツノザメ同様、第1背ビレと第2背ビレ前方に太い棘を持っている。

なによりの特徴は吻の左右に生えたヒゲである。

この鼻ヒゲが、昔の中国の役人が生やしていた長い口ヒゲに似ているため、英名を「マンダリン（官吏）シャーク」という。

2本の長い鼻ヒゲは前鼻弁の前にあり、化学物質や接触物の存在のみならず、水流の変化までも敏感に感知するスグレモノだ。

普段は水深150m〜400mほどの大陸棚縁辺や大陸斜面の海底付近にいて、このヒゲを使って獲物を探しているとみられる。

ヒゲツノザメの歯は上下同じ形状で、刃状の歯が上下の顎に重なり合うようにして生えている。

何を餌にしているのかはよくわかっていないが、歯の形状と生息域から、底生魚やカニなどの無脊椎動物を食べているのではないかと思われる。

ニュージーランドや日本に生息しているといわれ、千葉県沖や神奈川県沖でたまに捕獲されるものの、一般にはあまり知られていない珍種である。個体数も少なく利用も少ない。

Eating Data
【食べ物】
イカ類、カニ、底生魚などを摂餌していると推測される

【捕食戦術】
感覚受容器と思われるヒゲ（前鼻弁）をセンサーとして海底の獲物を探し出し、捕食する。

● ヒゲツノザメ完全データ File

目　名	ツノザメ目
科　名	ツノザメ科
学　名	Cirrhigaleus barbifer
分　布	日本からニュージーランドの太平洋西部に分布。日本では主に南日本、沖縄舟状海盆などに生息する。
生息場所	水深200m〜500mの大陸棚から大陸斜面。
生殖方法	胎生（卵黄依存型）
大きさ	最大1.2mほど

大きさ比較

ヒゲツノザメの歯

アブラツノザメ
North Pacific Spiny dogfish

刺身や練り物でお馴染み　北日本近海に群れで棲む小さな食用サメ

● アブラツノザメのプロフィール

　アブラツノザメは良質な肝油がとれることや、背ビレに太い棘があることが名前の由来となっている。

　背中に白い斑点を無数に持つが、老成するとこれらを消失する個体が多い。

　20～35cmで産まれ、オスが70～75cm、メスは75～90cmほどで成熟し、最大で1.2mくらいの個体もいるようだ。ただし、アブラツノザメの生育はほかのサメに比べてゆっくりしたもので、性成熟に至るまで10年を要する。

　比較的冷たい海域を好み、アメリカ西海岸北部、日本の東北地方や北海道に多く分布する。餌は主に小魚、オキアミ類、イカ・タコなどの無脊椎動物であるが、集団で狩りを行ない自分より大きいサケやタラなども食べるようだ。

　アブラツノザメは、飼育するのは難しいが、雌雄や大きさ別に分かれて大きな群れを形成して回遊するため、大量の捕獲が可能で、研究者や学生が実験・研究の材料として用いることが多い。

　そのため、生態に未解明の部分が多いツノザメ科のサメのなかでも例外的に研究が進んでいる。

　アブラツノザメの肉はサメのなかでも美味とされ、日本ではかまぼこなどの練製品の原料になるなど、食用として重要な魚である。

Eating Data

【食べ物】
イカ、タコ、甲殻類、イソギンチャク、イワシ類、タラ、サケ、カレイ類などの魚類

【捕食戦術】
自然の個体は時に数千匹規模の群れをつくって行動し、獲物を一斉に襲い貪り食う。

● アブラツノザメ完全データFile

目　名	ツノザメ目
科　名	ツノザメ科
学　名	Squalus suckleyi
分　布	太平洋や大西洋沿岸の冷水域。日本では千葉県以北の太平洋側、山口県以北の日本海側、オホーツク海に分布する。
生息場所	水深900m近くの大陸棚。15度以上の水温には耐えられない。
生殖方法	胎生（卵黄依存型）
大きさ	最大1.2mほど
大きさ比較	

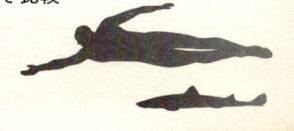

アブラツノザメの歯

オキコビトザメ
Pygmy shark

オキコビトザメ完全データFile

目　名		ツノザメ目
科　名		ヨロイザメ科
学　名		Euprotomicrus bispinatus
分　布		世界の熱帯・亜熱帯海域に分布するが、日本近海では未確認。
生息場所		外洋域の表層から漸深層に生息し、昼間は水深2000mで活動し、夜間に表層部まで浮上する。
生殖方法		胎生（卵黄依存型）
大きさ		最大27cmほど
大きさ比較		

一日に深海と表層を行ったりきたりする世界最小級のサメ

オキコビトザメの歯

● オキコビトザメのプロフィール

　体長23～27cmのオキコビトザメは、その名の通り多様なサメの種類のなかでも最小の種で、一日のほとんどを水深2000mの深海で過ごす。夜になると200mくらいまで浮上して、エビなどの甲殻類やイカ、魚などを食べるようだ。

　深海のサメらしく目は大きく、長い体と櫂（かい）のような尾ビレを持ち、小さな背ビレが体の後方に生える。

　最大の特徴は、暗闇で光る腹部の発光器官であろう。この光で自分の姿を目立たなくさせると同時に、餌をおびき寄せている。

　ただし、まとまって獲れないため、生態のよくわからない「幻のサメ」でもある。

Eating Data
【食べ物】　魚類、イカ、エビなどの甲殻類
【食べ方】　腹部の発光器官を利用して獲物をおびき寄せ、捕食すると考えられている。

ヨロイザメ

Kitefin shark

鎧のような歯を持つ深海の薬売り

ヨロイザメのプロフィール

ヨロイザメは口を開けると、下顎の歯が鎧のように並んでいるのが観察される。

上顎に細く短い歯と、下顎に鋸歯縁の大きな歯と、上下で異なる歯を持ち、主にイカやタコ、甲殻類、魚などを食べる。

愛嬌のある顔立ちとは裏腹に獰猛な一面もあり、クジラや自分より大きいサメの肉を食いちぎって食べることもある。

水深の深いところまで潜るため、肝臓には多量、かつ良質な肝油が含まれる。ヨーロッパではこれをとるために乱獲が進んで個体数が減少する傾向にあり、捕獲制限の対象になっている。

ヨロイザメの歯

ヨロイザメ完全データFile

目 名	ツノザメ目
科 名	ヨロイザメ科
学 名	Dalatias licha
分 布	西部太平洋、インド洋、大西洋。日本では南日本の太平洋側に分布。
生息場所	水深40m〜1800mの大陸棚や大陸斜面、中層
生殖方法	胎生（卵黄依存型）
大きさ	最大1.8mほど
大きさ比較	

Eating Data

【食べ物】 甲殻類、頭足類、魚類
【食べ方】 大きな獲物に咬みつき、短く幅の狭い上顎の歯と、ノコギリ状の下顎の歯で肉を食いちぎる。

ダルマザメ
Cookie-cutter shark

クッキーの型抜きのように、きれいに獲物の肉を抉（えぐ）り取るアーティスト

● ダルマザメのプロフィール

　ダルマという名とは違って体はスマートな円筒形で、体長50cmほどの小型の深海ザメである。

　小魚や大型プランクトンを餌にしているが、ときに大型の動物を食べることもある。

　ダルマザメの歯は、上顎がトゲ状、下顎が三角形の板状の鋭い歯である。これらが隣り同士とぴったりくっついて生え、とくに下顎の歯はまるで半円状に丸めたノコギリの様相を呈している。

　この歯は定期的に1列ずつ抜け落ちるらしい。

　ダルマザメは、英名を「クッキーカッターシャーク（クッキー生地の型抜きザメ）」という。この名前はマグロやクジラ、イルカなどの大型の動物に前述の歯でもってかぶりつくと、自分の体を回転させ、一口分の肉をくりぬくように食いちぎる摂餌方法に由来している。

　噛まれたほうには、まるで大きな生地からクッキーを1個型抜きしたように、3～6cmの半球型にくぼんだ独特の咬み跡が残るのだ。

　ダルマザメは、太平洋、インド洋、大西洋と、世界の温帯、熱帯海域の中深層に分布しているが、なかなか捕まえるのが難しく研究が進んでいないため、詳しい生態は解明されていない。

Eating Data
【食べ物】
イカ、タコ、小魚、イルカ、メカジキ・マグロなど大型の魚類

【捕食戦術】
下顎を下げると上顎が引っ張られて前に突出。この状態で獲物に食らいつく。尾ビレと体をねじって半回転し、獲物の肉を半球状に切り取って食べる。

ダルマザメの歯

● ダルマザメ完全データFile

目名	ツノザメ目
科名	ヨロイザメ科
学名	Isistius brasiliensis
分布	世界の温帯・熱帯海域に分布。日本では太平洋側に確認される。
生息場所	島嶼付近および外洋の深海に生息し、夜間には表層付近まで浮上する。
生殖方法	胎生（卵黄依存型）
大きさ	最大50cmほど

大きさ比較

ユメザメ

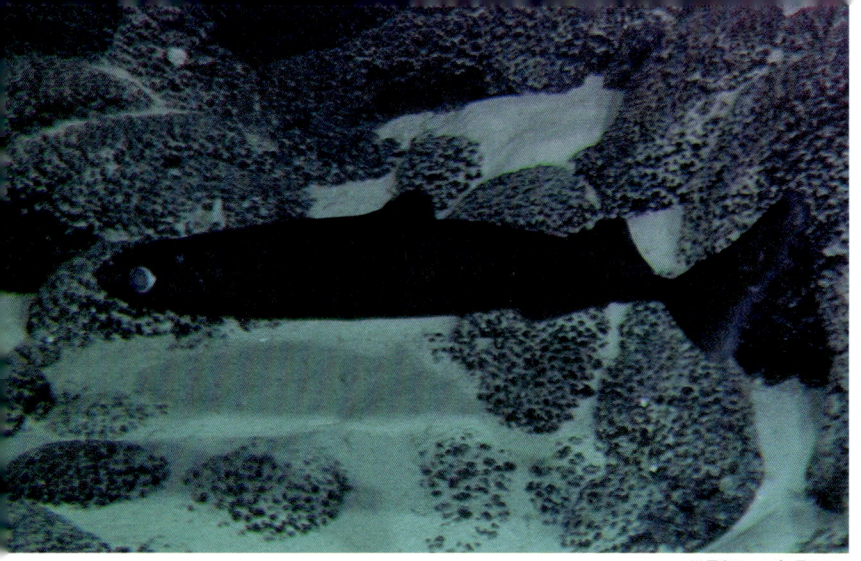

Roughskin dogfish

※写真はユメザメ属のサメ。

逆なですると傷つく大きなウロコと強い子種で深海を制する

● ユメザメのプロフィール

　ユメザメは30cmで産まれ、オスは約70cm、メスは約1mと深海ザメのなかでは中型である。日本では高知から関東、沖縄諸島に分布し、水深600m〜700m付近に生息している。生息域の水深帯でもっとも個体数が多い種であるが、行動や生態に関してはほとんど不明である。

　ほかの魚に比べて優れた点は、体を覆う硬い鱗（うろこ）により防御力が高い、精子が大きく強いことに加え、35尾と比較的多数の仔を産むことなどが挙げられる。

　しかし、簡単に捕獲されてしまう傾向にあり、枯渇が危惧されている。

● ユメザメ完全データFile

目名	ツノザメ目
科名	オンデンザメ科
学名	Centroscymnus owstonii
分布	西部太平洋、南東太平洋、大西洋。日本では関東以南の太平洋側に分布する。
生息場所	大陸斜面や海山の水深400m〜1500mに生息する。
生殖方法	胎生（卵黄依存型）
大きさ	最大 1.2mほど
大きさ比較	

ユメザメの歯

【食べ物】　硬骨魚類、イカ、タコ
【捕食戦術】　獲物を発見すると気付かれないように忍び寄り、食らいついて捕食すると思われる。

Eating Data

フジクジラ
Blackbelly lanternshark

光のない深海で、自ら発光する不思議なサメ

フジクジラのプロフィール

　フジクジラはクジラの名称を含むものの、れっきとしたサメである。しかも、全長30〜50cmと小型で、およそクジラのイメージからは程遠い。体は真っ黒で眼が大きく、背ビレの前にトゲがあり、体表に鋭いツメのように突き出た鱗を持つ。

　最大の特徴は、オキピトザメのように発光器官を持っている点であろう。フジクジラの腹部にはカップ状の発光器があり、レンズの役割を果たす細胞と色素細胞により、光の量を調節している。

　こうしておびき寄せたハダカイワシ類などの小魚を餌として食べているようだ。

フジクジラ完全データFile

目名	ツノザメ目
科名	カラスザメ科
学名	Etmopterus lucifer
分布	西太平洋、オーストラリア、ニュージーランド、南太平洋。日本では北海道以南の太平洋側に分布。
生息場所	大陸棚から水深500mまでの海底付近に生息。
生殖方法	胎生（卵黄依存型）
大きさ	最大 50cm ほど

大きさ比較

フジクジラの歯

Eating Data

【食べ物】　イカ、甲殻類、イワシなどの小魚
【捕食戦術】　自ら発光することによって餌をおびき寄せ捕食するといわれるが、はっきりしない。

オロシザメ
Japanese roughshark

オロシ金状の固い皮膚にブタ鼻を持つ、未だ謎多き三角のサメ

● オロシザメのプロフィール

オロシザメは、1985年に初めて日本の駿河湾で発見された。

体表が、大きくザラザラしたオロシ金状の鱗（うろこ）で覆われるため、この名前になった。

背中の中央には第1背ビレがヨットの帆のように盛り上がった独特の形をしてそびえており、横から見ると三角形に見える。後方の第2背ビレとともに2基の背ビレの前方には、鋭い棘（きょく）が生えている。

また、正面から見ると鼻の穴が大きくまるでブタの鼻のよう。加えて眼はブルー、口は白くて小さく、なんとも愛嬌のある造形だ。小さな口からのぞく上顎の歯は、細くて直立形、下顎の歯は幅が広く剣状である。

しかしオロシザメは、最初の個体発見以後、ほとんど見つかっていないというほどの超稀少種でもある。2014年に駿河湾の250mくらいの深海から、底引き網で生きたまま引き上げられたのが10例目ぐらいだった。

この時は沼津港深海水族館がいろいろな餌を与えてみたが、どれにも興味を示さず、捕獲されてから9日で死亡してしまった。

そのため、オロシザメが海中でどのような餌を食べているのか判明しないまま現在に至っている。

オロシザメの生態はまだまだ謎に包まれたままだ。

Eating Data

【食べ物】
底生性の魚類や無脊椎動物か？

【捕食戦術】
9日間飼育された際に与えた餌には興味を示さず死亡してしまったため、未解明。

● オロシザメ完全データFile

目名	ツノザメ目
科名	オロシザメ科
学名	Oxynotus japonicus
分布	北半球に5種が分布。日本では駿河湾でのみ確認された。
生息場所	水深225m～350m
生殖方法	胎生（卵黄依存型）
大きさ	最大65cmほど

大きさ比較

オロシザメ

ノコギリザメ
○ Japanese Sawshark

まるで泳ぐチェーンソー　武器や現場道具としても使える便利な鼻先

ノコギリザメの歯

● ノコギリザメのプロフィール

　北海道南部以南から台湾、中国などの温帯・亜熱帯海域に分布するノコギリザメは、細長く扁平な体型で、大小の鋭いトゲを持つ「ノコギリ」のような吻が特徴だ。1.5mほどの全長の4分の1を吻が占めている。ノコギリ状の吻の下には、2本の長いヒゲがあり、ここで餌や水流の動きを感知している。

　ただ、このノコギリ状の吻は、何かを切るためのものではない。泥のなかにいる獲物を掻き出したり、獲物を引っ掛けて押さえつけたりといった捕食に使われる一方、振り回して自己防衛のために使われたりする。

　これまでその役割ははっきりしていなかったが、2014年12月、沖縄美ら海水族館で餌を吻で引っ掛けて押さえつけ、口に運ぶ姿が撮影され話題となった。

　ノコギリザメは昼間おとなしく、海底でじっと休んでいることが多いが、夜になると行動的になり、捕食行動を行なう。

　ノコギリザメの仲間は約8種類いて、形態や生態はいずれもよく似ている。なかでもキューバの北からバハマ、フロリダ半島の沿岸に分布するニシノコギリザメがとくに吻が長く、体の3分の1から4分の1を占めている。

　顎や頭蓋骨、脊椎骨の一部にエイによく似た特徴を持つため、ノコギリザメ目のサメは、サメがエイへと進化する過程で生まれたという仮説が有力視される。

Eating Data

【食べ物】
小魚、エビなどの甲殻類

【捕食戦術】
ノコギリ状の吻で獲物の動きを探り、吻の部分で獲物を絡めとって押さえ込み、飲み込む。

● ノコギリザメ完全データFile

目 名	ノコギリザメ目
科 名	ノコギリザメ科
学 名	Pristiophorus Japonicus
分 布	北海道南部以南の太平洋、日本海、東シナ海、南シナ海に分布する。
生息場所	浅海から水深800mにかけての大陸棚や大陸斜面
生殖方法	胎生（卵黄依存型）
大きさ	最大1.5mほど
大きさ比較	

ノコギリザメ

ジンベエザメ
Whale shark

圧倒的な吸引力で、獲物を一気に吸い込む魚類最大のサメ

ジンベエザメの歯

● ジンベエザメのプロフィール

ジンベエザメは、全長や体重はほとんど実測されていないが、成熟した個体では全長13mを超すといわれ、体重は13.6tにもなるとされる。目視による不正確な計測であるが18m以上の個体も存在するといわれ、サメのなかではもちろん、もっとも大きな現生魚類である。

巨大な体に三条の隆起線が走り、灰青色や緑褐色の背面に白や黄色の斑点が並んでいる。

性格はとてもおとなしく、サメと聞いて連想する獰猛なイメージとは真逆で、仮にダイバーが近寄っても危害を加えることはない。

豪快な濾過による摂餌

巨大な顎に300列以上の歯が並んでいるが、この歯は米粒のように小さく、敵や獲物を食いちぎることもできない。餌に特化した噛めない歯になっている。

ジンベエザメは数少ない濾過食性サメの一種で、プランクトンや小エビなどの甲殻類、イカ、小魚などを食べて生きているのだ。

そんなジンベエザメのいる海域にはプランクトンを食べるイワシと、そのイワシを餌とするカツオが寄ってくる。それゆえ、海にジンベエザメが現われるとカツオが大漁だといわれ、漁師たちから

Eating Data
【食べ物】
プランクトンなどの浮遊性無脊椎動物、小魚、海藻など

【捕食戦術】
大きな口を開けてプランクトンの群れが浮遊する場所へ突進したり、もしくはプランクトンごと大量の海水を吸い込み、プランクトンだけを濾して食べる。

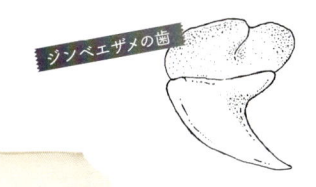

● ジンベエザメ完全データFile

目名	テンジクザメ目
科名	ジンベエザメ科
学名	Rhincodon typus
分布	太平洋、インド洋大西洋の熱帯・亜熱帯・温帯海域に分布。日本では青森県以南の太平洋、日本海に生息する。
生息場所	沿岸から外洋の表層域に生息し、時に水深1300mまで潜行する。
生殖方法	胎生（卵黄依存型）
大きさ	最大 13.7mほど

大きさ比較

ジンベエザメ

は「大漁の神様」として古くから崇められてきた。意外にも日本人とゆかりの深いサメなのである。

餌を求めて回遊する巨大ザメ

ジンベエザメはトラフザメなどと同じくテンジクザメ目だが、それらの仲間とは違った特徴を持つ。

テンジクザメ目に巨体のものは少ないが、ジンベエザメは超巨体である。また、テンジクザメ類は海底でじっとしているものが多いが、ジンベエザメは尾の形が違い、活発に泳ぎ回る。

テンジクザメ類は海底の生き物を食べるために口が下向きについているのに対し、ジンベエザメは頭部前端に前向きに開いている。

この口を泳ぎながら大きく開け、水と一緒にプランクトンを飲み込む。大量の水はエラを通して排出される仕組みになっている。

世界の熱帯から温帯の暖かい海にいるが、地中海には分布していない。餌を求めて回遊を続けながら、外洋と沿岸を行き来していて、たまに水面で見られることもある。

ジンベエザメの生殖方法はあまり解明されていないが、メスはお腹のなかに300体もの胎仔を持ち、それが成長するまで体内で保持してから出産するという卵黄依存型の胎生だと考えられている。

餌場において群れをなすジンベエザメ。

Column ❻ サメと泳ぐ

サメと泳ぐことができるダイビングスポット

　水族館でサメを眺めるだけでは満足できないという人には、野生のサメを間近で見たり、一緒に泳ぐことができる場所がある。

　与那国島の西崎や、伊豆の神子元島では、アカシュモクザメの群れを見ることができる。運がよければ、速い潮の流れのなかで、何百尾ものアカシュモクザメが大群をなし、頭上を覆ってゆく興奮を味わえるだろう。

　また、小笠原諸島では、シロワニが棲むサメ穴に入ることができる。鋭い歯を常にむき出しにしているシロワニが、暗い洞窟のなかでじっとして目を光らせているさまは恐ろしげだが、彼らは性格がおとなしい。ゆっくり進んで驚かさないようにすれば、接近することもできる。沖縄近海では、最大のサメとして人気のジンベエザメに遭遇することも可能だ。

　それ以外でも、日本の沿岸部には、ネコザメやネムリブカ、ナヌカザメ、オオセなどの底生種が生息しており、自然の姿を見るチャンスに恵まれている。

　もっとスリルを味わいたい人には、南アフリカやハワイで行なわれているシャークケージダイビングもある。

　これは人間のほうがケージで守られて海に入るもので、ホホジロザメやガラパゴスザメ、ヤジブカ、イタチザメなどが悠々と海中をゆく様子を観察できる。

　いずれも、季節によってサメの生息地域が異なったり、高度なダイビングスキルが必要だったりするが、サメの迫力ある姿を堪能したいなら、訪れてみるのもいいだろう。

コモリザメ
Nurse shark

コモリザメ完全データFile

目 名	テンジクザメ目
科 名	コモリザメ科
学 名	Ginglymostoma cirratum
分 布	太平洋東部、大西洋西部、アフリカ西海岸の熱帯・亜熱帯海域に分布し、日本近海には生息しない。
生息場所	珊瑚礁、岩場、ラグーンなどの砂泥地の浅海。
生殖方法	胎生（卵黄依存型）
大きさ	最大3mほど
大きさ比較	

背中に乗って遊んでも許してくれる穏やかなサメ

コモリザメの歯

● コモリザメのプロフィール

　コモリザメの頭部は幅広く扁平で、吻の下面に2本のヒゲを持ち、獲物を探すのに用いる。

　体長は3mにもなるが、とてもおとなしいのでダイバーも近づきやすい。

　また、海底で止まったまま呼吸することができる種でもあり、日中のほとんどを海中の洞窟や岩場に横たわって休息に当てている。餌を求めて動きを活発化させるのは夜になってからで、タコ・イカや魚類などを強力な力で口中へ吸い込んで捕食する。

　個体数が多く、飼育も簡単にできるため、水族館などでもおなじみのサメだ。

Eating Data

【食べ物】　貝類、魚類、甲殻類
【食べ方】　主に夜間に活動し、海底の堆積物中から獲物を発見すると、大きな口を広げて強力な力で吸引。顎の力も強く、貝殻からも中身だけを吸い取ることができる。

オオテンジクザメ

Tawny nurse shark

オオテンジクザメ完全データFile

目 名	テンジクザメ目
科 名	コモリザメ科
学 名	Nebrius ferrugineus
分 布	西部太平洋、インド洋の熱帯から亜熱帯海域。日本では南西諸島にのみ分布する。
生息場所	水深5～30mの珊瑚礁、岩場、砂泥地。
生殖方法	胎生（母体依存型・食卵タイプ）
大きさ	最大3.2mほど
大きさ比較	

決まったねぐらに帰りたい！ 大きいけれど繊細なサメ

● オオテンジクザメのプロフィール

オオテンジクザメは体長2.5～3mの大きな体に小さな眼、肉質状のヒゲのあるおちょぼ口という、愛嬌のある顔が特徴的である。

夜行性のため、同科のコモリザメ同様、昼間は集団でサンゴ礁や岩場などで休み、夜になると獲物を探してイシサンゴ群の間を泳ぎ回る。睡眠中の魚、甲殻類、タコなどを餌とし、感覚器官であるヒゲを使って餌を見つけると、小さい口で勢いよく吸い込んで食べる。

行動範囲は狭く、餌を探した後はまた同じねぐらに戻る習性を持っている。

オオテンジクザメの歯

Eating Data

【食べ物】 タコ、甲殻類、ウニ、魚類
【食べ方】 夜間を中心に捕食活動を行なう。岩場などに潜んでいる獲物を、感覚器官であるヒゲを利用して識別。餌を見つけると口を広げて一気に吸い込んで捕食する。

コモリザメ／オオテンジクザメ

シロボシテンジク
○ Whitespotted bambooshark

水族館でお馴染み　体表の白斑がきれいな観賞用のおとなしいサメ

● シロボシテンジクのプロフィール

シロボシテンジクはジンベエザメと同じテンジクザメ目に属しながら、全長90cm前後の小さくて細長いサメである。

オオテンジクザメのようなヒゲを持ち、第1背ビレが比較的後方、腹ビレの上にある。また、体には無数の白い点があり、これが「シロボシ」の名前の由来になっている。

南日本の太平洋沿岸から東シナ海、インド洋、マダガスカル島などの浅海の珊瑚礁や岩礁などに広く分布。にょろにょろと海底付近を這うように泳ぐが、その動きは意外に素早い。

夜行性のため昼間はあまり動かず、岩間でじっとしている。やがて夜になると、餌を探すために活動を開始し、小さい魚やエビなどの甲殻類、軟体動物などの無脊椎動物を食べ、人間に危害を及ぼすことはない。

小型で体の模様が美しく、水槽でも簡単に飼育できるため、観賞魚として人気が高い。水族館のみならず熱帯魚店などでも見かけることがある。

しかし、卵生であることが判明しているものの、実は自然界における繁殖生態についてはほとんど解明されていない。従来テンジクザメと呼ばれた種は、日本に分布していないことがわかり、シロボシテンジクをテンジクザメと呼ぶ場合もある。

Eating Data

【食べ物】
小型の魚類、甲殻類、タコなど

【捕食戦術】
珊瑚礁や岩場を泳ぎながら獲物を探し、飛び出してきた獲物を捕らえる。

● シロボシテンジク 完全データFile

目 名	テンジクザメ目
科 名	テンジクザメ科
学 名	Chiloscyllium plagiosum
分 布	北西太平洋、北東インド洋の熱帯・亜熱帯海域に分布し、日本では南日本以南の太平洋沿岸に生息する。
生息場所	浅海の珊瑚礁や岩礁
生殖方法	卵生（単卵生）
大きさ	最大1mほど

大きさ比較

マモンツキテンジクザメ
Epaulette shark

胸ビレが足に　海底をてくてく歩くサメ

● マモンツキテンジクザメのプロフィール

マモンツキテンジクザメは、全長60cm～1mと小型のテンジクザメ科のサメである。

外見上の特徴として胸ビレの上のあたり、エラ孔のすぐ後ろに大きくて黒い斑紋があり、そのまわりが白く縁取られている。これが目に見えることから、大きな捕食者が現われた際には格好の威嚇となる。

マモンツキテンジクザメは、英名を「エポーレットシャーク」という。エポーレットとは18～20世紀の西洋の将校が付けていた肩章のこと。マモンツキテンジクザメの模様がまさにこの肩章に見えること、それが英名・和名の由来である。

このマモンツキテンジクザメは歩くことで有名だ。なんと胸ビレと腹ビレで体を支えながら、体をくねらせて前進し、餌を探すのである。

正確には「歩く」というより、「這う」に近いのであるが、これは、もっぱら泳いで移動するほかのサメとは違い、胸ビレを支える軟骨が関節のように自由に動かすことが可能という体の構造の特徴による。さらに、その先にある軟骨も緩く並んでいて、筋肉もよく発達している。

オーストラリアやニューギニアの浅海のサンゴ礁に生息しており、日本には分布していないが、日本の水族館で見ることができる。

Eating Data

【食べ物】
小型の無脊椎動物

【捕食戦術】
主に夜間に活動し、珊瑚礁を歩き回って餌を探し、飛び出してきた獲物を捕食する。

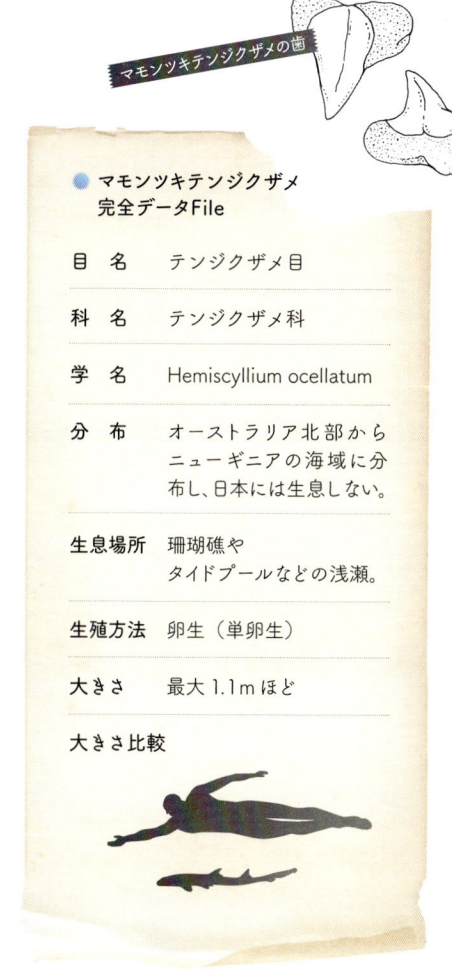

マモンツキテンジクザメの歯

● マモンツキテンジクザメ 完全データFile

目　名	テンジクザメ目
科　名	テンジクザメ科
学　名	Hemiscyllium ocellatum
分　布	オーストラリア北部からニューギニアの海域に分布し、日本には生息しない。
生息場所	珊瑚礁やタイドプールなどの浅瀬。
生殖方法	卵生（単卵生）
大きさ	最大1.1mほど
大きさ比較	

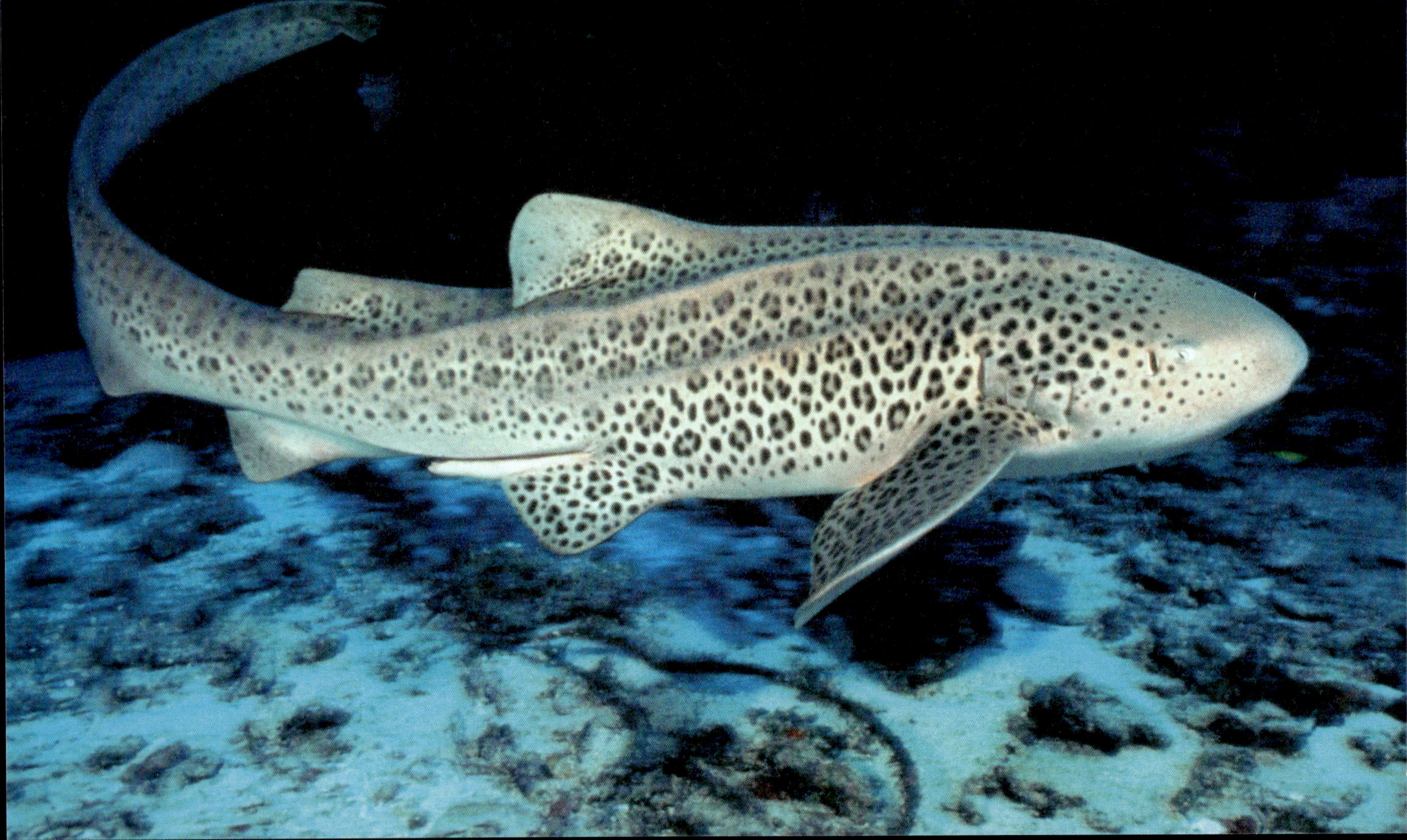

ヒョウ柄丸ボディに長いアクセサリーをぶらさげた派手なヤツ

● トラフザメのプロフィール

　テンジクザメ目のサメは、"サメ"と聞いて違和感を覚える容姿の種が多い。トラフザメもまたサメのイメージとは大きく異なる姿をしている。

　黄褐色の体色に黒色の小斑紋が点在し、「ゼブラシャーク」の名でも呼ばれる。体型も特徴的で、頭部は扁平で丸く、吻も短い。その一方で、尾ビレが体の半分を占めるほど長く、その上葉が発達しているのも特徴である。

　長い尾といえば、オナガザメが思い浮かべられるが、オナガザメの尾が明確な役割を持つのに対し、トラフザメの尾の役割はわかっていない。

　トラフザメは西部太平洋、インド洋の熱帯から亜熱帯、また日本海や南日本などの沿岸域のサンゴ礁や岩場、砂泥底に生息する。

　一日のほとんどは発達した胸ビレで体を支えながら海底で休んでいるが、夜になると餌を探して岩場や珊瑚礁を動き回り、寝ている魚や軟体類、甲殻類、棘皮類などを水とともに吸い込んで食べる。頻繁に泳ぐ姿を披露するが、体高と体長のバランスが理想的ではないため、泳ぎの効率はよくないようだ。

　幼魚の時は黄色と黒の縞模様だが、成長するとベージュ地にロゼッタ型の斑点を散りばめた、まるでヒョウのような模様になる。人間に対しては無害であるものの、漁業対象で捕獲される傾向にある。

Eating Data

【食べ物】
魚類、タコ、甲殻類、貝類など

【捕食戦術】
細く柔らかい体を利用して岩場や珊瑚礁の狭い空間に入り込み、獲物を吸い込んで捕食する。

トラフザメの歯

● トラフザメ完全データFile

目　名	テンジクザメ目
科　名	トラフザメ科
学　名	Stegostoma fasciatum
分　布	西部太平洋、インド洋、紅海の熱帯・亜熱帯海域に分布し、日本では日本海と南日本に生息。
生息場所	潮間帯から沿岸域、珊瑚礁、岩場、水深60mくらいまでの砂泥底。
生殖方法	卵生（単卵生）
大きさ	最大 3.5mほど
大きさ比較	

アラフラオオセ
Tasselled wobbegong

景色のなかに身を隠し、ヒゲで獲物を誘き寄せる海底の策士

● アラフラオオセのプロフィール

　オオセは全長1.1mほどで、平べったくずんぐりした体型で、口の近くに葉状のヒゲを持ち、周囲の色彩とよく似た体色で、擬態を利用して獲物をおびき寄せ、捕食するサメの一種である。

　アラフラオオセはそうしたオオセの仲間で、西部太平洋、オーストラリア北部からインドネシア東部、パプアニューギニアなどの浅い海域に棲む。口のまわりに無数のヒゲを持ち、体は不規則なモザイク状のまだら模様で覆われ、周囲の環境と擬態することができる。

　しかも、オオセの仲間は噴水口を通して酸素を含む海水を取り入れることができるので、絶えず泳いでいる必要がない。海底の堆積物のようにカムフラージュして、一日のほとんどを海底でじっと動かず過ごすのだ。

　こうして昼間は海底で近くを通る獲物を捕まえて食べている。獲物がアラフラオオセの存在に気付かずに近づくと、素早く大口を開け、鋭い歯が並んだ両顎を突出させて餌を吸い込みながら捕食するのだ。また、アラフラオオセは夜になると積極的に餌を探し始める。

　カニやロブスターのような大型の甲殻類や、イカ、タコ、魚類などやわらかい体を持つ生物を餌にしている。また、イヌザメなどの小型のサメも食べることがわかっている。

Eating Data

【食べ物】
魚類、エビなどの甲殻類

【捕食戦術】
海底にカムフラージュして隠れ、ヒゲ状の突起を利用して獲物をおびき寄せる。獲物が近づくと瞬間的に口を開けて獲物をくわえこむ。

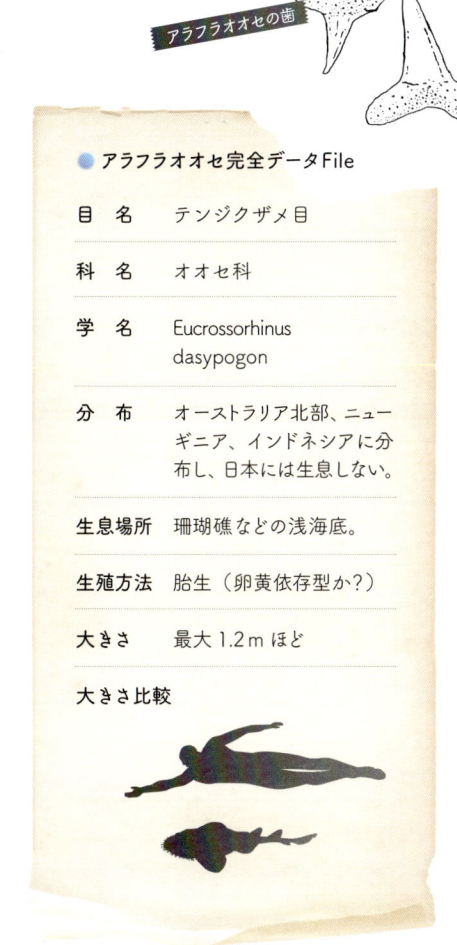

アラフラオオセの歯

● アラフラオオセ完全データFile

目名	テンジクザメ目
科名	オオセ科
学名	Eucrossorhinus dasypogon
分布	オーストラリア北部、ニューギニア、インドネシアに分布し、日本には生息しない。
生息場所	珊瑚礁などの浅海底。
生殖方法	胎生（卵黄依存型か?）
大きさ	最大1.2mほど

大きさ比較

アラフラオオセ

クモハダオオセ

Spotted wobbegong

クモハダオオセ完全データFile

目 名	テンジクザメ目
科 名	オオセ科
学 名	Orectolobus maculatus
分 布	西オーストラリア以南からクイーンズランド州南部までに分布し、日本には生息しない。
生息場所	潮間帯域から水深100mあたりの海底。
生殖方法	胎生（卵黄依存型）
大きさ	最大3mほど（通常1.7mまで）
大きさ比較	

オオセ科のなかで最大　人間も罠にかける海底のモンスター

● クモハダオオセのプロフィール

クモハダオオセの歯

　オオセの仲間10種のうち最大の種で、未確認であるが大きいものでは3mを超える種がクモハダオオセだ。オーストラリア南部に分布し、その名の通り、体に雲のような白色斑がある。口のまわりに2股に分かれた海藻のようなヒゲを持ち、体は周囲に溶け込む保護色になっている。
　夜行性で、海底でじっとしていて、警戒しないで近くを通る獲物に突然飛びついて捕らえるのは、ほかのオオセ科と同様。餌はイセエビやカニ類、カレイ類、カサゴ類、タコなど海底に生息する魚類で、オオセに比べて餌も大型となる。

Eating Data

【食べ物】　エビ、カニ、タコ、カサゴ類・カレイ類などの魚類
【食べ方】　カモフラージュして海底に潜み、獲物が接近すると、両顎を突き出して強い吸引力で口のなかに吸い込み、捕食する。

Chapter 2
サメ学

ホホジロザメで読み解く
サメの生態

サメの種類と見分け方
500種を超えるサメは、どのように分類されているのか？

　サメという存在を生物学的に表わすとすれば、「体表が楯鱗（132ページ）で覆われ、エラ孔が5～7対体側にあり、種によって卵生もしくは胎生で繁殖する肉食性の魚類」となろうか。

　ただし、魚類といってもサメは、マグロやコイなどとは異なる特徴を持っていて、生物学上、エイとともに脊椎動物亜門軟骨魚鋼のうちの板鰓亜綱に分類される。すなわち全身の骨格が硬骨でなく軟骨で出来ている魚類なのだ。

　これは古代魚の痕跡を残す特徴ともいわれる。

　もうひとつ板鰓亜綱が他の魚類と大きく異なる点は、エラの裂け目がむき出しになっている構造である。ではエイとサメの違いがどこにあるかというと、それはエラ孔の位置にある。サメのエラ孔の一部は必ず体の側面にあるが、エイのエラ孔は頭部腹面にあるのだ。

　サメは、その多様性も特徴的である。現在、最大の魚類ジンベエザメから最小のサメであるツラナガコビトザメまで、約500種が確認されており、さらに8目34科に細分される。

　このうち、サメの代表格ともいえるのが、ネズミザメ目に属するホホジロザメである。ここでは、ホホジロザメの生態に着目しながら、サメの実態に迫っていこう。

Point!
- サメはエイと同じ板鰓亜綱に分類され、エラの裂け目がむき出しになっている。
- サメとエイの違いは、エラ孔の位置にある。
- サメは約540種が確認され、8目34科に分類される。

サメの事件File ①

ニュージャージーサメ襲撃事件

　1916年7月1日から12日にかけて、ニュージャージー州のリゾート海岸と付近の河川で、立て続けに4人の男性がサメの襲撃を受けて死亡する事件が起こった。

　7月14日に船の網に、全長2.5mのホホジロザメがかかり、胃のなかから人骨と思しきものが現われたため、この個体が襲撃事件の犯人であるとされ、騒動は終結した。

　しかし当時はサメの研究が進んでおらず、見分け方も曖昧であった。当然、ホホジロザメに淡水で生息する能力はなく、川での襲撃犯はオオメジロザメだったのではないかとも言われている。

【サメ】

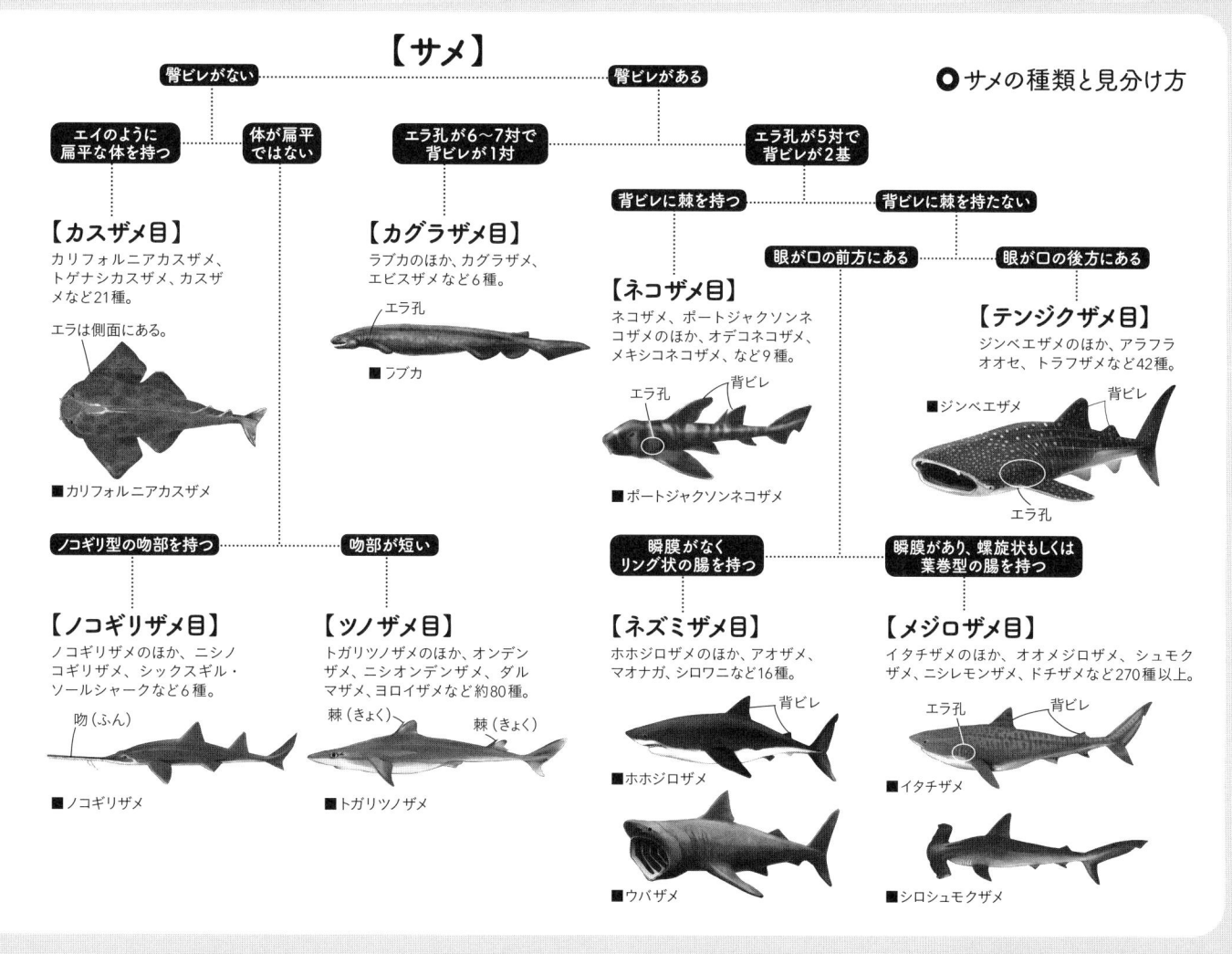

○ サメの種類と見分け方

- 臀ビレがない
  - エイのように扁平な体を持つ
    - **【カスザメ目】**
      カリフォルニアカスザメ、トゲナシカスザメ、カスザメなど21種。
      エラは側面にある。
      ■ カリフォルニアカスザメ
  - 体が扁平ではない
    - ノコギリ型の吻部を持つ
      - **【ノコギリザメ目】**
        ノコギリザメのほか、ニシノコギリザメ、シックスギル・ソールシャークなど6種。
        吻（ふん）
        ■ ノコギリザメ
    - 吻部が短い
      - **【ツノザメ目】**
        トガリツノザメのほか、オンデンザメ、ニシオンデンザメ、ダルマザメ、ヨロイザメなど約80種。
        棘（きょく）　棘（きょく）
        ■ トガリツノザメ
- 臀ビレがある
  - エラ孔が6〜7対で背ビレが1対
    - **【カグラザメ目】**
      ラブカのほか、カグラザメ、エビスザメなど6種。
      エラ孔
      ■ ラブカ
  - エラ孔が5対で背ビレが2基
    - 背ビレに棘を持つ
      - **【ネコザメ目】**
        ネコザメ、ポートジャクソンネコザメのほか、オデコネコザメ、メキシコネコザメ、など9種。
        エラ孔　背ビレ
        ■ ポートジャクソンネコザメ
    - 背ビレに棘を持たない
      - 眼が口の前方にある
        - 瞬膜がなくリング状の腸を持つ
          - **【ネズミザメ目】**
            ホホジロザメのほか、アオザメ、マオナガ、シロワニなど16種。
            背ビレ
            ■ ホホジロザメ
            ■ ウバザメ
      - 眼が口の後方にある
        - **【テンジクザメ目】**
          ジンベエザメのほか、アラフラオオセ、トラフザメなど42種。
          背ビレ
          ■ ジンベエザメ
          エラ孔
        - 瞬膜があり、螺旋状もしくは葉巻型の腸を持つ
          - **【メジロザメ目】**
            イタチザメのほか、オオメジロザメ、シュモクザメ、ニシレモンザメ、ドチザメなど270種以上。
            エラ孔　背ビレ
            ■ イタチザメ
            ■ シロシュモクザメ

サメの種類と見分け方

131

徹底図解！ホホジロザメ

海の王者ホホジロザメから、サメが持つ驚きの能力を探る！

● 楯鱗（皮歯）

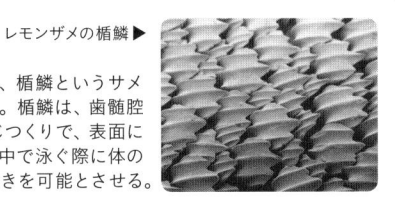

おろし金にも用いられるほどザラザラの肌で、楯鱗というサメ独自の鱗によって構成される。俗にいう鮫肌。楯鱗は、歯髄腔と象牙質をエナメル質の表面が覆う歯と同じつくりで、表面には水平に溝が走っている。この溝がサメが水中で泳ぐ際に体の周囲の水流を一方向に流し、素早く静かな動きを可能とさせる。

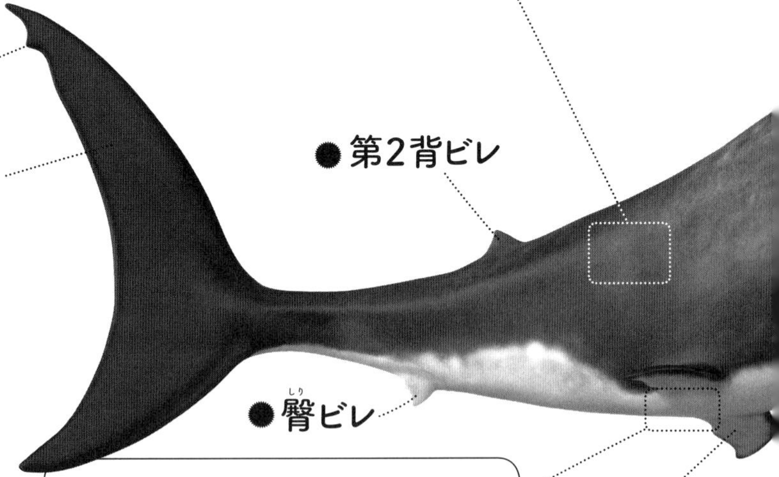

レモンザメの楯鱗▶

● 欠刻

● 尾ビレ

● 第2背ビレ

● 臀ビレ

● 腹ビレ

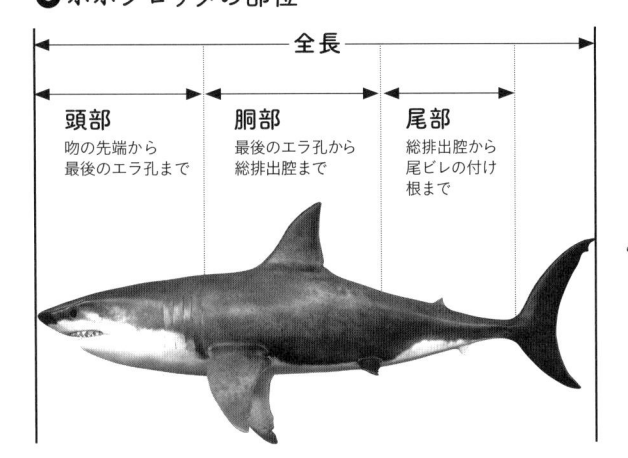

● 交尾器

グラスパーと呼ばれる生殖器で、サメのオスは総排出腔の両側にこれを1対2つ持っている。交尾の際には片方が挿入される。

○ ホホジロザメの部位

全長

頭部
吻の先端から最後のエラ孔まで

胴部
最後のエラ孔から総排出腔まで

尾部
総排出腔から尾ビレの付け根まで

- 第1背ビレ

- 吻

- 眼

  メジロザメ科のサメには瞬膜があり、獲物を襲う際に上に引き上げられて目を守る役割を果たす。

- ロレンチーニ瓶

  サメの眼の周りや鼻に集中する器官で、獲物が発する電気を感知し、位置や動きを察知する。内部はゼリー状の液体で満たされた細管が無数に並び、皮膚表面の小孔に通じている。

  ◀ ホホジロザメの吻

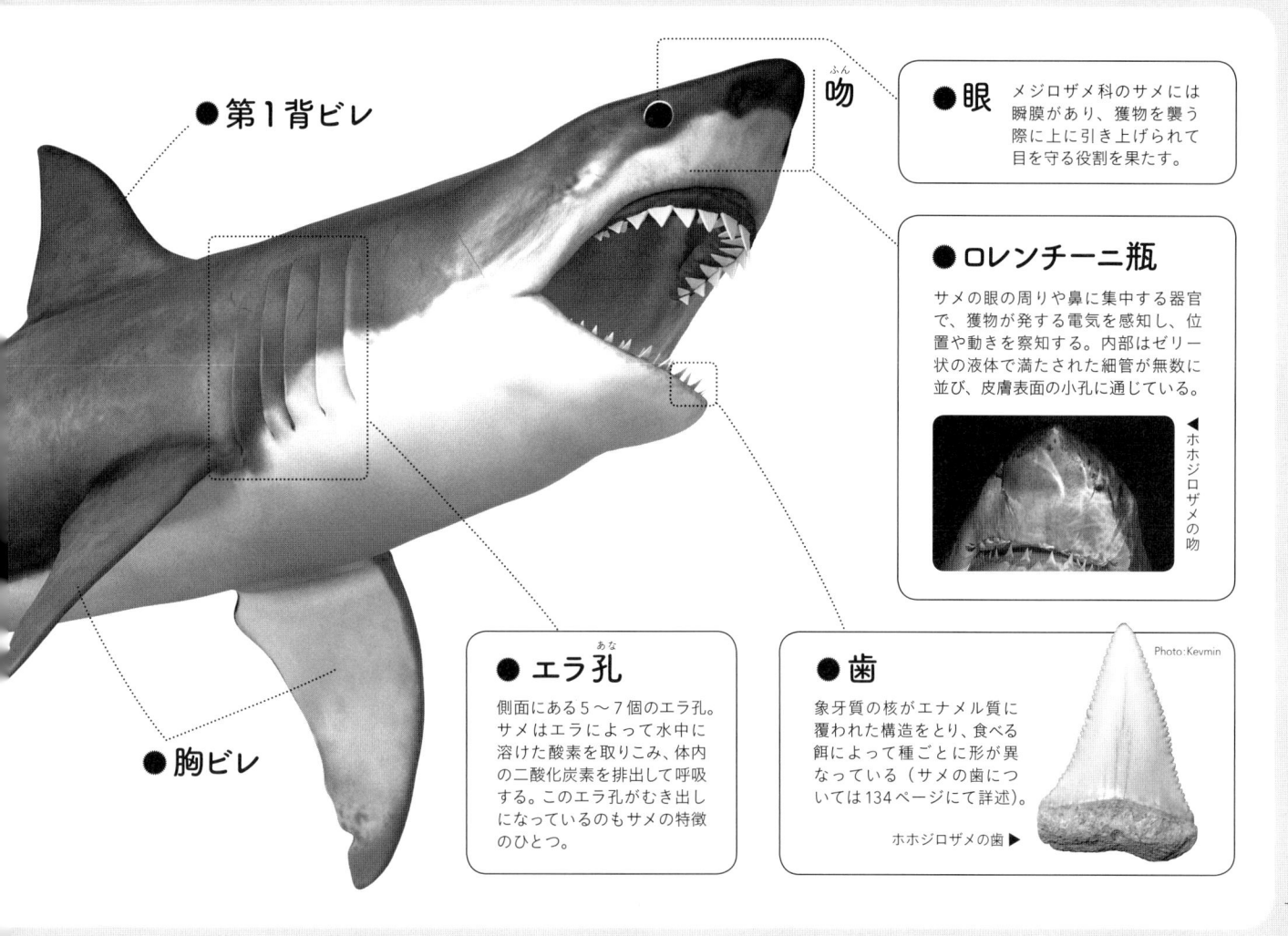

- エラ孔

  側面にある5〜7個のエラ孔。サメはエラによって水中に溶けた酸素を取りこみ、体内の二酸化炭素を排出して呼吸する。このエラ孔がむき出しになっているのもサメの特徴のひとつ。

- 歯

  象牙質の核がエナメル質に覆われた構造をとり、食べる餌によって種ごとに形が異なっている(サメの歯については134ページにて詳述)。

  ホホジロザメの歯 ▶

  Photo:Kevmin

- 胸ビレ

徹底図解！ホホジロザメ

ホホジロザメの歯

ベルトコンベアのように次々と供給される鋸歯縁を持つ三角形の歯

　ホホジロザメの体のなかでも、ひときわ凶暴な印象を我々に与えるのが、大きく開かれた口に並ぶ鋭利な歯であろう。海中の上位捕食者たるサメに欠かせない武器であり、サメが生きるために必要な捕食の道具でもある。

　ホホジロザメの口中には、上下の顎にギザギザの縁を持つ正三角形の歯が計50本ほど生えている。このノコギリのような歯は鋸歯といい、アザラシやアシカなどの獣肉を噛み切ることに適している。

　だが生まれた頃からそうした歯を持つのではなく、若い頃の歯の形は細長い。これはその頃の主食である魚を食べやすい形状である。

　ホホジロザメと同様に、サメの歯はそれぞれの餌を食べるために適した形をとっている。それゆえ、サメによって歯の形も大きく変わる。

　たとえば魚やイカを主食とするアオザメは、獲物を引っ掛けやすい細く尖った「刺す歯」。魚や鳥はおろかウミガメまで食べるイタチザメは、なんでも咬める引き裂き型の「切る歯」。海底に暮らしサザエなどを噛み砕いて食べるネコザメは咬みつきすりつぶすための「押さえる歯」と、様々である。

　またサメの歯は、抜け落ちても口内の奥のほうから次々に供給されベルトコンベアのように生え変わるという特徴を持っている。一般に一生のうちに約3万本の歯が使われるといわれている。

むき出しになったホホジロザメの歯。三角形の歯の周囲はギザギザになっている。

Point!
- ホホジロザメのようなノコギリ状のギザギザを持つ歯を鋸歯と呼ぶ。
- サメの歯は、餌とする生物によって形が変わる。
- サメの歯は、次々に供給されベルトコンベアのように生え変わる。

● ホホジロザメの歯

新しい歯

サメの顎の肉は、口の内側から外側へと移動している。この動きに合わせて歯の元となる歯胚が成長しながら外側へ移動。これに押されて外側の古い歯が抜け落ちる。使用される歯を「機能歯」、新しく生える歯を「補充歯」という。

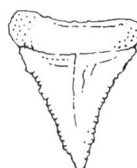

三角形の歯

ホホジロザメの成体の歯はきれいな三角形の形を取る。獲物の肉を噛み切ることに適した歯である。

● その他のサメの歯

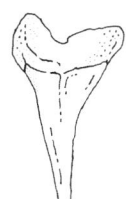

刺す歯

アオザメやミツクリザメなどが持つ針のような歯。素早く逃げるイカや魚などを捕らえるのに適している。

潰す歯

ネコザメなどの奥歯に見られる平らな歯。貝殻などをすり潰す役割を持つ。

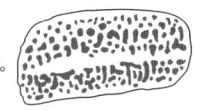

切る歯

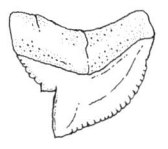

イタチザメなどが持つ缶切り状の歯。薄く平べったく、切縁が鋭く、なかには、ノコギリの様なギザギザを持つものもある。

押さえる歯

ネコザメやホシザメなどの前歯。小さい歯で貝やカニなどを押さえつける。

サメの泳ぎ方

やわらかな軟骨と推進力を支える体側面の筋肉とヒレ

サメはS字に体をくねらせながら海中を泳ぎ、素早く獲物を捕食する。

この一連の動きを可能としているのが、流線型の体型と、軟骨でできた全身の骨と筋肉、各ヒレ、そして全身を覆う鮫肌（皮歯）である。

軟骨でできた背骨は、サメが素早く体をねじったり曲げたりすることを可能としている。その背骨の体側にジグザグ模様に配列される筋節からなる筋肉が伸縮を繰り返すことで、体がリズミカルにS字状に左右にしなり、周囲の水を押し返しながら、強力な推進力を得る。

その際、ヒレも動かすことで体の傾きが調整される。

すべてのサメは、背ビレ、胸ビレ、腹ビレ、尾ビレを持っているが、主に前方のヒレは体の安定に、後方のヒレは推進に使われている。

サメのスピードを生み出すもうひとつの秘密が鱗である。

サメの肌は、尖った硬い小さな鱗が密集し「楯鱗（皮歯）」と呼ばれている。歯と同じ象牙質とエナメル質の構造で硬く、鎧として外敵からの防御の役割を持つ。

この鱗にはもうひとつ重要な役割がある。

楯鱗を拡大して見ると、1枚1枚水平の筋が通っている。この筋はサメが泳ぐ際、水流を一方向へと流して、周囲に生まれる渦を減少させ、スピードアップさせる効果があるのだ。水の抵抗が少なくなれば、音も少なくなり獲物に近づきやすくもなる。

この鮫肌の構造は競泳用水着に活用され、着用した選手が次々に世界記録を更新するという出来事もあった。

泳ぎ回るツマグロの幼体。サメは体を交互にS字状にくねらせて推進力を得る。

Point!
- サメはS字状に左右にしなりながら推進する。
- ヒレの役割は、体の安定と推進力を得ること。
- 楯鱗と呼ばれる鱗には水の抵抗を少なくする仕掛けがある。

●サメの泳ぎ方

❶ 脊髄の片側の筋肉が縮み、体がS字状に曲がる。

❷ 尾ビレを振った際に発生する推進力で前進する。

❸ ❶とは反対側の筋肉が縮み、体が❶とは逆のS字状に曲がる。

●サメが持つヒレの役割

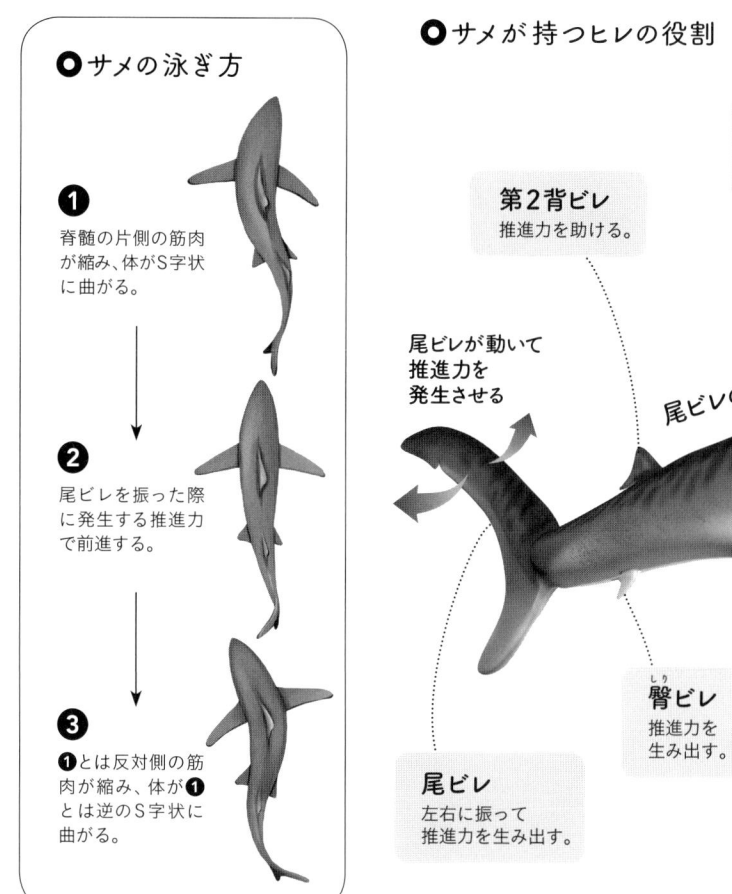

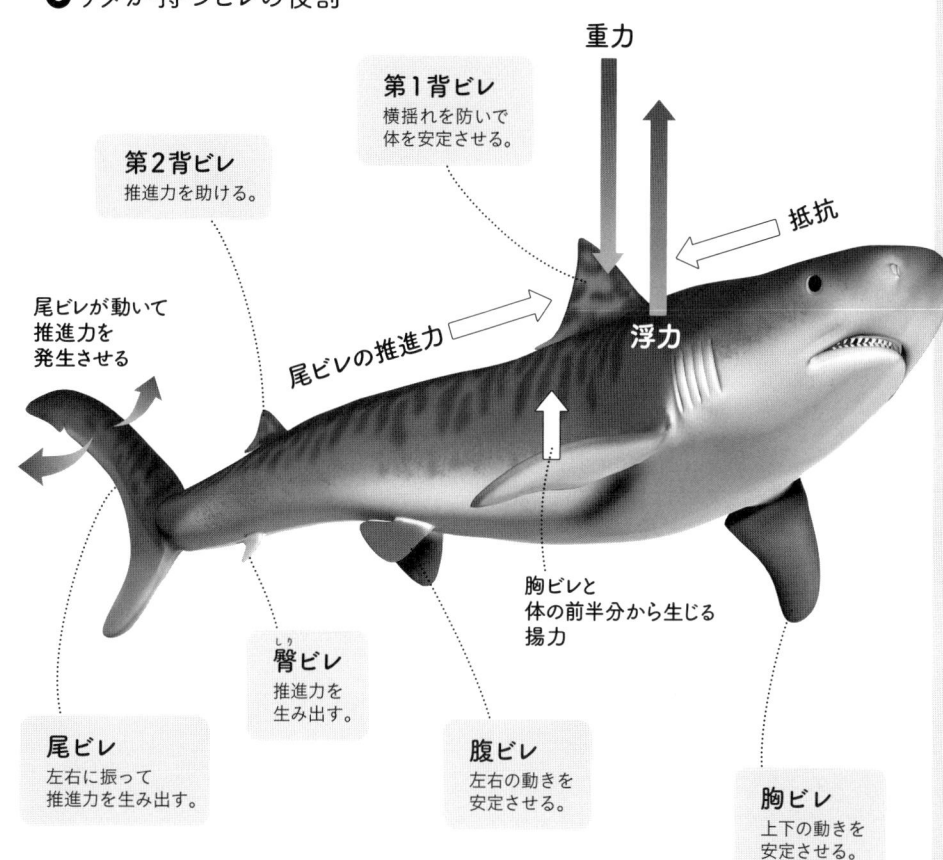

第1背ビレ 横揺れを防いで体を安定させる。

第2背ビレ 推進力を助ける。

重力

抵抗

浮力

尾ビレが動いて推進力を発生させる

尾ビレの推進力

胸ビレと体の前半分から生じる揚力

尾ビレ 左右に振って推進力を生み出す。

臀(しり)ビレ 推進力を生み出す。

腹ビレ 左右の動きを安定させる。

胸ビレ 上下の動きを安定させる。

サメの泳ぎ方

古生代					
カンブリア紀	オルドビス紀	シルル紀	デボン紀	石炭紀
約5億4200万年前〜約4億8830万年前：三葉虫など、殻を持った動物と顎のない魚類が登場する。	約4億8830万年前〜約4億4370万年前：後期には顎を持つ魚類が登場した。	約4億4370万年前〜約4億1600万年前：生物の陸上進出が始まり、海中では最初の硬骨魚類が現われる。	約4億1600万年前〜約3億9520万年前：シダ状の葉を持つ樹木状植物が誕生。海中では魚類から両生類が分かれる。	約3億9520万年前〜約2億9900万年前：両生類から有羊膜類が分かれ、最初の爬虫類が登場。海中ではサメが繁栄。

● サメの祖先——ドリオドスからメガロドンまで

サメの祖先は約4億年前のデボン紀に誕生したクラドダス類という魚類で、約3億7500万年前のデボン紀後半にはクラドセラケという2mほどの初期のサメが見つかっている。やがてジュラ紀に臀ビレを持つヒボーダス類が登場し、ほぼ現生のサメと同じような格好となった。

ドリオドス
近年化石が発見され、約4億900万年前に生息した最古のサメ。

クラドセラケ
デボン紀のサメで、口は吻の先端にあった。三日月型の尾ビレを持ち、外洋を泳いでいたと見られる。

ステタカントゥス
第1背ビレと頭の上にたわしのようなヒゲを乗せた石炭紀のサメ。

ホホジロザメの進化と歴史
約4億年前に登場し、多様な進化を遂げたサメの祖先

　サメ類の祖先は古く、約4億年前の古生代デボン紀に誕生したクラドダス類という魚類だと考えられている。約3億7500年前のデボン紀の地層からは、クラドセラケという1mほどの初期のサメの化石が見つかっている。三日月型の尾ビレを持つことから外洋を高速で泳いで

いたと推測される。ただし、この時期にはダンクルオステウスのような巨大甲冑魚が繁栄していたため、古代のサメも餌食となっていたと思われる。

　現在生息する多くのサメの祖先が生まれたのは、三畳紀に始まる中生代である。

　約3億年前の石炭紀には、下顎の歯を

渦巻状にカールさせたヘリコプリオンが登場。さらに約1億8000万年前のジュラ紀には、ほぼ現生のサメと同じ姿のヒボーダス類が海洋に登場した。

　ではホホジロザメの祖先はどのようにして生まれたのだろうか。

　ホホジロザメの祖先は白亜紀後期に出

ペルム紀	三畳紀	ジュラ紀	白亜紀	古第三紀
約2億9900万年前～約2億5100万年前：巨大な両生類や爬虫類が繁栄したが、生物種95％におよぶ大量絶滅が発生する。	約2億5100万年前～約1億9960万年前：地上では巨大爬虫類が全盛期を迎え、海中には魚竜が登場する。	約1億9960万年前～約1億4550万年前：三畳紀末期に巨大両生類が消滅する。海では最初の現生のサメとエイが現われる。	約1億4550万年前～約6550万年前：大型恐竜が地上を支配し、最初の鳥類も登場。海ではホホジロザメの近縁種が登場する。	約6550万年前～現代：恐竜の絶滅後、哺乳類や鳥類が多様化。海中ではメガロドンが登場する。

中生代／新生代

ヘリコプリオン
全長6mに及ぶサメで、下顎の歯が抜けずに渦巻状にカールしていたと見られるペルム紀のサメ。

スクアリコラックス
白亜紀に生息した全長5mのサメ。

メガロドン
別名ムカシホホジロザメ。新生代の約1800万年前から約150万年前に生息していたとされる超大型のサメで、全長は最大で約18mにおよぶという。

ヒボーダス
ジュラ紀のサメで、背ビレの前に頑丈な棘を持っていた。

Point!
- 現生サメの祖先が生まれたのは、中生代以降。
- ホホジロザメの祖先は、白亜紀に出現した。
- 約1800万年前の海には、全長18mに達するメガロドンが生息した。

現した「クレトラムナ」というサメである。新生代に入ると、様々なホホジロザメの仲間が出現し、新生代中頃の約1800万年前に、全長18mに達する、史上最大のサメであるメガロドンが出現した。なんと現生魚類最大のジンベエザメよりも大きいのだ。メガロドンの名は、「巨大な歯」を意味する学名で、和名は「ムカシオオホホジロザメ」という。推測される外見もホホジロザメをそのまま大きくしたような姿というから恐ろしい。

メガロドンは150万年前頃に姿を消したが、ホホジロザメの化石は1000万年頃の化石層から発見されており、この頃に登場したものと思われる。両者が同時期に生息していたことから、約6000万年前に分かれた異なる系統に属し、片方が先に絶滅したとする説もある。

ホホジロザメの進化と歴史

ホホジロザメの餌

ホホジロザメはいったい何を食べているのか？

　肉食魚のホホジロザメは、もちろん他の動物を食べる。では、どのような種類の動物を餌とするのだろうか？

　ホホジロザメが狙う獲物は幼体と成体で異なる。幼体の頃は硬骨魚類や小型のサメを常食とし、3メートルを超えるほどまでに成長すると、アシカやアザラシ、トド、クジラなど大型の哺乳類をも襲い、これを常食とするようになる。ほかにも、マグロなどの硬骨魚類はもちろん、イカやタコ、カニなどの甲殻類を食べる。空腹時にはウミガメや海面にいる海鳥、他のサメなども捕食してしまう。

　人間がサメに襲われるニュースが聞かれるが、それは人間の泳ぐ姿とアザラシを誤認したためといわれる。もともと人間の体には、アザラシに比べ脂肪などが少なく、サメにとって美味しくないのだそうだ。

　では、他のサメの主食は何か？

　サメの食性は種によって傾向がある。たとえば鋭い歯を持つシュモクザメはアカエイ類を好み、イタチザメはウミガメやウミヘビまで何でも食べる。ネコザメは海底でウニやサザエなど硬い殻を持つ貝類を食べるために顎を進化させ、他種との競合を回避した。

　またジンベエザメは、吸い込んだ海水から濾し取る方法で、オキアミなどのプランクトンを主食とする。

Point!
- 幼体のホホジロザメは硬骨魚類や小型のサメを常食とする。
- 3メートルを超えるほどまでに成長したホホジロザメは、大型の哺乳類を常食とする。
- サメの食性は種によって異なり、それぞれの傾向がある。

サメの事件File ❷
インディアナポリスの悲劇

　太平洋において日本とアメリカが死闘を繰り広げた太平洋戦争末期、1945年7月30日のことである。

　原子爆弾の部品と核材料を運ぶ任務を終えたアメリカ軍の重巡洋艦インディアナポリスは、日本海軍の潜水艦より魚雷攻撃を受け沈没した。

　約300人の乗組員が艦と運命をともにし、約900人が海上に投げ出された。

　それから4日間、乗組員は海上を漂うなかで、数百匹におよぶヨシキリザメやヨゴレの襲撃を受け、さらに疲労も加わった結果、約600人が犠牲になったとされる。

◯ ホホジロザメの食性

ホホジロザメの成体は、アシカ、クジラ、トドなどを餌とし、鰭脚類を好む傾向にある。幼体の間は硬骨魚類や小型のサメを食べるとみられる。

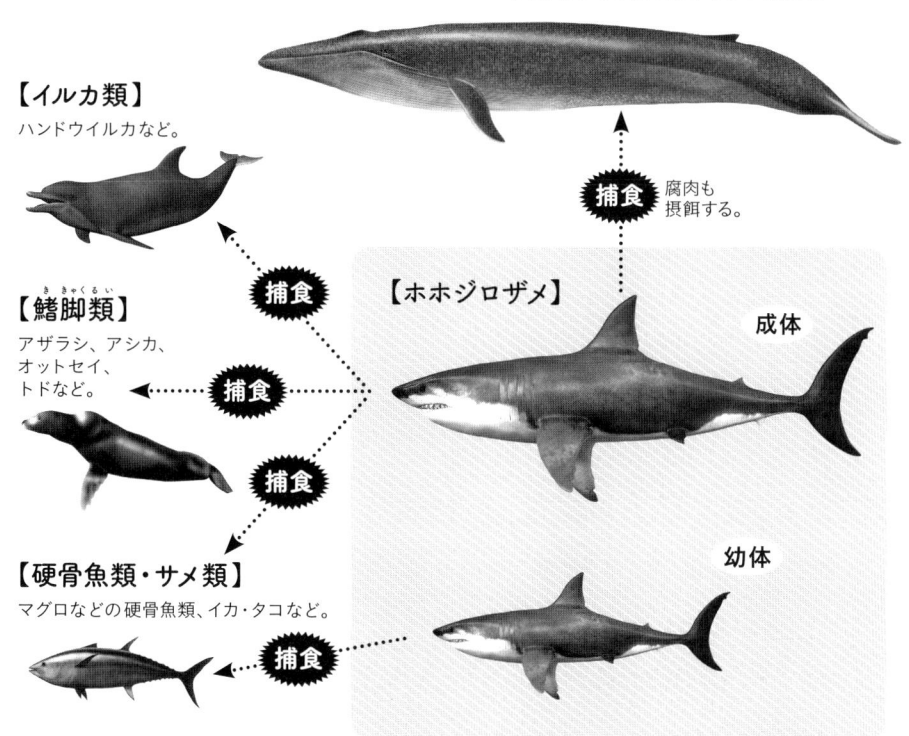

【ナガスクジラ類・ウバザメ】
ナガスクジラ、ウバザメ、クジラの腐肉。

腐肉も摂餌する。

【イルカ類】
ハンドウイルカなど。

【鰭脚類】
アザラシ、アシカ、オットセイ、トドなど。

【硬骨魚類・サメ類】
マグロなどの硬骨魚類、イカ・タコなど。

【ホホジロザメ】
成体
幼体

◯ ホホジロザメの顎の動き

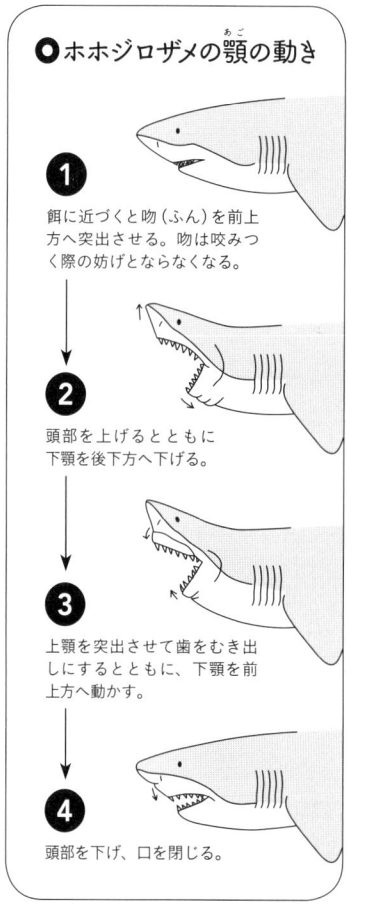

❶ 餌に近づくと吻（ふん）を前上方へ突出させる。吻は咬みつく際の妨げとならなくなる。

❷ 頭部を上げるとともに下顎を後下方へ下げる。

❸ 上顎を突出させて歯をむき出しにするとともに、下顎を前上方へ動かす。

❹ 頭部を下げ、口を閉じる。

ホホジロザメの捕食方法
餌の種類に応じて変化する狩りの戦術

　サメの本能というものをもっともダイナミックに見せつけられるのが、捕食行動であろう。とくにホホジロザメの捕食シーンは有名で、海上へ飛び出す豪快なジャンプとともに獲物に咬みつく姿が、テレビの動物ドキュメンタリーでもよく放送されている。

　ホホジロザメは二つの捕食戦術を持つ。イカなどの小さい獲物を狙う場合、鋭い嗅覚などで察知し、ゆっくり近づき距離を詰めると、いきなり加速して死角から食らいつく。こちらは他のサメと共通する戦術だ。

　一方、ホホジロザメだけが用いる「咬み逃げ戦術」がある。

　アザラシなどの大きな獲物を狙ったときに見られるもので、一度強く咬みついて離し、致命傷を負った獲物が息絶えた頃に戻ってきて捕食するものである。

　前述の通り、サメの種類によって食べる餌は様々で、狩りの方法も異なる。それらは主に5種類に分けられる。

　まずホホジロザメの咬み逃げ戦術がひとつ。次にオナガザメ科のサメは、長い尾ビレで獲物を叩き、弱らせてから捕食する。ジンベエザメなどプランクトンを主食とする種は、餌が含まれる海水を大量に飲み込んだ上で餌だけを濾しとる。

　さらにネコザメなどの底生性のサメは、海底の貝などの獲物を吸引すると、貝殻や殻をすり潰し、中身を食べる。

　サメの数だけ食べ方があるといえよう。

アシカを捕え海上へジャンプするホホジロザメ。ホホジロザメは海中に潜み、表層を泳ぐ獲物の動きに合わせて急浮上し、獲物を捕らえる。

Point!
- ホホジロザメは二つの捕食戦術を持つ。
- ホホジロザメは大型の獲物に対して「咬み逃げ戦術」を駆使するときがある。
- ジンベエザメなどのサメは海水を濾過してプランクトンを食べる。

❍ ホホジロザメの捕食パターン

サメは聴覚・嗅覚・触覚・視覚そして第6感ともいえる電流によって獲物の位置を察知し、摂餌行動へ至る。

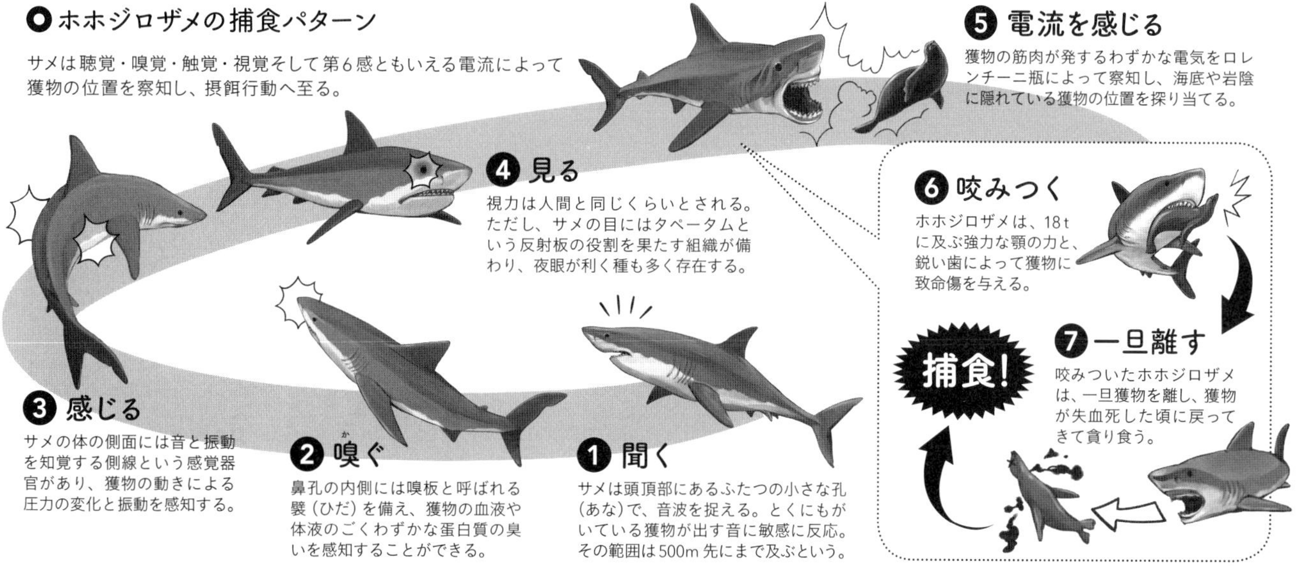

❺ 電流を感じる
獲物の筋肉が発するわずかな電気をロレンチーニ瓶によって察知し、海底や岩陰に隠れている獲物の位置を探り当てる。

❹ 見る
視力は人間と同じくらいとされる。ただし、サメの目にはタペータムという反射板の役割を果たす組織が備わり、夜眼が利く種も多く存在する。

❻ 咬みつく
ホホジロザメは、18tに及ぶ強力な顎の力と、鋭い歯によって獲物に致命傷を与える。

捕食!

❼ 一旦離す
咬みついたホホジロザメは、一旦獲物を離し、獲物が失血死した頃に戻ってきて貪り食う。

❸ 感じる
サメの体の側面には音と振動を知覚する側線という感覚器官があり、獲物の動きによる圧力の変化と振動を感知する。

❷ 嗅ぐ
鼻孔の内側には嗅板と呼ばれる襞(ひだ)を備え、獲物の血液や体液のごくわずかな蛋白質の臭いを感知することができる。

❶ 聞く
サメは頭頂部にあるふたつの小さな孔(あな)で、音波を捉える。とくにもがいている獲物が出す音に敏感に反応。その範囲は500m先にまで及ぶという。

❍ サメの捕食パターン

ホホジロザメのような咬み逃げ戦術のほかにも、各種のサメは様々な戦術で獲物を捕らえる。

❶ 丸呑み戦術
大量の海水を飲み込み、口のなかで濾過して餌だけを残し、海水をエラ孔(あな)から押し出す。

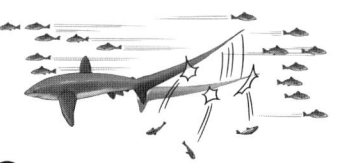

❷ 叩き落とし戦術
オナガザメ科のサメは、尾を使って獲物の小魚を小さくまとめると、尾を群れのなかに突っ込んで振り回し、叩き落とした魚を食べる。

❸ 型抜き戦術
ダルマザメは大きな獲物に食らいつき、体を回転させて獲物の肉を半球状にくり抜き食べる。

❹ 待ち伏せ戦術
オオセは海底の砂のなかに隠れて同化し、獲物が通りかかったところに食らいつく。

ホホジロザメの捕食方法

サメのボディランゲージ

ホホジロザメはニッコリ笑ったときがもっとも危険!?

　本能からか、動物たちは攻撃する際にサインを出すことがある。

　ガラガラヘビが尻尾の先の抜け殻を震わせて鳴らしたり、アリクイが体を大きく見せるため、二本足で仁王立ちとなるなどの仕草がそれだ。

　ホホジロザメの場合は、攻撃に移る前にニッコリと笑ったように歯をむき出しにしたり、標的に向かって突進するがギリギリのところで進路を変えたりする威嚇行動を行なうことがある。

　これらはホホジロザメ特有の動きで、他種のサメでもテリトリー内に侵入者が来ると自分の身を守るために威嚇行動を取ることがある。

　一般に多くのリラックスした状態のサメは、体を水平にして尾ビレを振って進んでいる。

　だが強いストレスを感じると、背を丸めて胸ビレを下げる。これはメジロザメ類のサメに共通した、攻撃の前に多く見られるサインである。

　もっとも顕著なサインを見せるオグロメジロザメの場合は、胸ビレを下方向に延ばすほか、吻を上方に傾け、背中をアーチ状にしたS字型の体勢をとる。

　ただ種によりこのサインの時間の長さは異なり、オグロメジロザメでは40秒も続ける。

Point!

- サメは威嚇のポーズを取ることがある。
- ホホジロザメは攻撃に移る前に歯をむき出しにするしぐさを見せることがある。
- 背を丸めて胸ビレを下げたメジロザメ類は要注意。

サメの事件File ❸

ホホジロザメを撃退したサーファー

　2015年7月19日、南アフリカで開催されていたサーフィン大会「J-Bay Open」にて、プロサーファーのミック・ファニング選手がサメに襲われた。

　しかし、ファニング選手は足でサメを蹴り続け、見事撃退することに成功。救出ボートによって無傷での生還を果たしたが、事件の後、大会は中止となった。

　ホホジロザメは深い位置から海上を見上げて獲物を探す場合がある。サーフボードに乗る人間の姿を下方から見ると、餌であるアザラシによく似ている。そのため、ホホジロザメによる人間への攻撃は、獲物と間違えて行なわれるものという説もある。

◉ サメのボディランゲージ

サメは縄張りに侵入者が来ると、自分の身を守るために威嚇行動をとることがある。ホホジロザメもいくつかのサインを見せることで知られる。

Warning!! 尾を曲げて全体が相手に見えるような姿勢をとる。

Warning!! 標的に向かって泳ぎ、直前で急にUターンする。

Warning!! 歯をむき出して笑ったような顔をする。

◉ オグロメジロザメの威嚇

威嚇行動については、オグロメジロザメがもっとも顕著な例といえる。これは捕食者からの防衛反応であり、この警告を無視すれば侵入者を排除するまで攻撃を加えてくる。

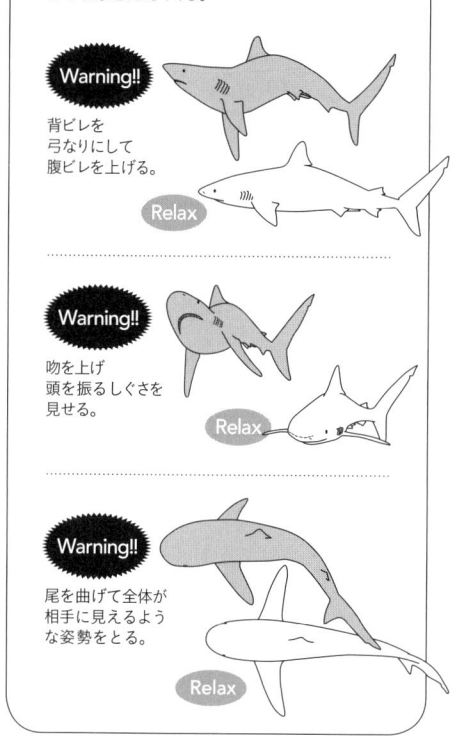

Warning!! 背ビレを弓なりにして腹ビレを上げる。
Relax

Warning!! 吻を上げ頭を振るしぐさを見せる。
Relax

Warning!! 尾を曲げて全体が相手に見えるような姿勢をとる。
Relax

サメの生殖
海の王者はどのように増えていくのか？

近年、ハワイとカリフォルニアの中間地点の海中に、アメリカ西海岸に分布するホホジロザメが集まる「ホホジロザメ・カフェ」と呼ばれる場所が発見された。

そこは餌も少なく、魚類の生存が難しい低酸素の水塊に囲まれた海域である。そこで研究者は、ホホジロザメが生殖のために集まっていると考えるに至った。

サメのオスとメスが出会うと交尾行動に入るが、これがなかなか荒っぽい。

交尾行動はその観察機会が少ないため明らかではないが、交尾の間、オスはメスの体をしっかり保持するため胸ビレや背に咬みつくのだ。そのためメスの皮膚はオスよりも丈夫にできている。受精はメスの体内で行なわれ、オスは腹ビレが発達してできた２本の交尾器官（133ページ）の１本をメスの総排出腔に挿入し射精するのである。

サメの出産方法は種ごとに異なる。

ネコザメやトラザメなどは、受精卵を卵殻に包んだ状態で産み落とす。いわゆる卵生だ。

一方その他のサメは胎生である。ただし胎生の方法も４つに分かれていて、ホホジロザメなどは、仔ザメがメスの胎内で無精卵を食べて成長する食卵タイプである。また、ホシザメは子宮壁から分泌される栄養物を摂取する子宮分泌タイプ。シュモクザメなどは胎盤によって胎仔を育てるタイプである。最後は母体への依存度が低いツノザメなどで見られる、卵黄に依存して胎仔が成長するタイプである。

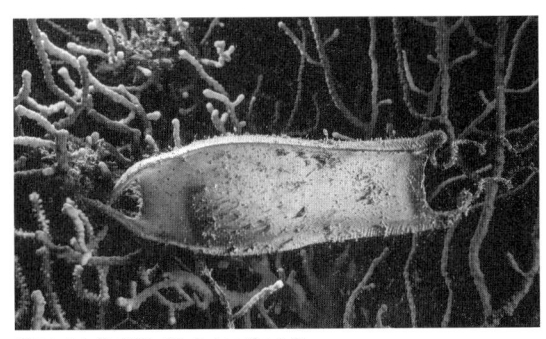

藻のなかに産み落とされたネコザメの卵。

Point!
- ハワイとカリフォルニアの中間地点の海中にはホホジロザメが集まる「ホホジロザメ・カフェ」がある。
- サメは、オスがメスに咬みついて交尾を行なう。
- サメの生殖には胎生と卵生の２種類がある。

● サメの生殖

サメの繁殖は交尾ののちに、胎生もしくは卵生によって行なわれる。前者は体内で育てた子供を産むタイプで、サメの約6割がこの形をとる。一方、卵生は卵を産むタイプである。

卵生
交尾ののち、卵殻に包まれた受精卵を産むタイプ。

- **■ 単卵生型**
  受精卵が輸卵管に移動するとすぐにひとつずつ産出されるタイプ。ネコザメ目、トラザメ類の多く、テンジクザメ目の一部に見られる。

- **■ 複卵生型**
  受精卵が子宮内に留まって、ある程度成長してから複数で産出されるタイプ。ナガサキトラザメ、ヤモリザメ類の一部など。

胎生
母ザメの胎内で卵殻から幼体が孵化し、ある程度育ってから産出されるタイプ。

- **■ 卵黄依存型胎生**
  子宮内で自分が生まれた卵黄の栄養を供給されて育ち、産出されるタイプ。
  - **■ 偶発タイプ**
    通常は卵生であるが、母体内で孵化してしまい仔ザメの状態で産出されるケース。
  - **■ 真正タイプ**
    本来の卵黄依存型タイプ。

- **■ 母体依存型胎生**
  母体内において母親から栄養を受けて育つタイプ。
  - **■ 食卵タイプ**
    幼体自身が無精卵を食べて成長する。シロワニは無精卵のみならず、子宮内の兄弟姉妹を食べつくし、1体だけが生まれる。
  - **■ 子宮分泌タイプ**
    子宮壁から分泌される栄養物を摂取しながら成長する。
  - **■ 胎盤タイプ**
    卵黄を使い切ると子宮ミルクの補給を受け、胎盤形成後、胎盤とへその緒を通して栄養を受ける。

● サメが一度に生む数

サメは海に棲む多くの生物とは異なり、長い妊娠期間を経て少ない仔を産む。

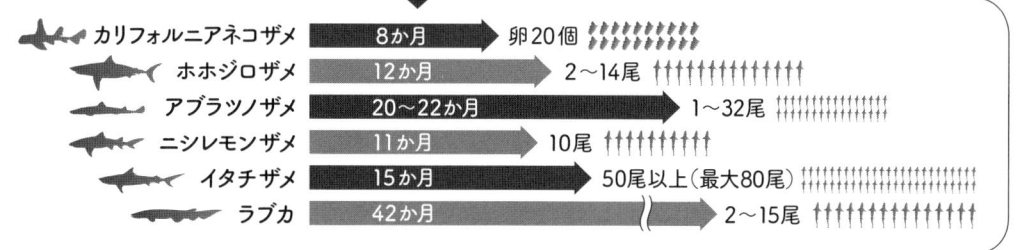

種	妊娠期間	産仔数
カリフォルニアネコザメ	8か月	卵20個
ホホジロザメ	12か月	2〜14尾
アブラツノザメ	20〜22か月	1〜32尾
ニシレモンザメ	11か月	10尾
イタチザメ	15か月	50尾以上（最大80尾）
ラブカ	42か月	2〜15尾

ホホジロザメの住処

ホホジロザメは世界のどこに棲んでいるのか？

ホホジロザメの分布図

ホホジロザメは太平洋、インド洋、大西洋の熱帯から寒冷水域、地中海と世界中の海に広く分布し、日本近海でも確認されている。

サメの仲間は世界の海のいたるところに生息している。その分布状況を図る基準が、海域および水温による分布と、水深による分布である。

海域の分布は大陸移動によって生じた。海域が分断されるなかで熱帯、亜熱帯、温帯、冷帯の分布が生まれ、サメの生息海域が分断されていったのである。

結果、大部分のサメが熱帯、亜熱帯海域（平均水温22度以上の海域）、温帯海域（同10度〜22の海域）に分布する一方、寒帯海域（同2〜10度の海域）にカグラザメやツノザメの仲間が生息し、極海域（同2度以下の海域）にニシオンデンザメなどが生息する状況が生まれた。

もうひとつの基準は水深による分布である。海岸付近の沿海域、水深200mまでの沖合は、大陸棚上に位置する。また、大陸棚の先の海は外洋と呼ばれ、海底では大陸傾斜が急速に落ち込んでいく。外洋の水深200m未満が表層と呼ばれ、200m以深が一般に深海と呼ばれる海域となる。深海は、149ページの図のように、中深層、漸深層、深海層、超深海層に分かれる。

分布については、ツマグロなど沿岸表層と、ネコザメなど沿岸底層、淡水域にも生息するガンジスメジロザメなどの種類を合わせると、サメ全体の45％に及ぶ。

> **Point!**
> ● サメの分布を図る基準は、海域、水温、水深の3つがある。
> ● サメの半分は沿岸表層から底層に生息する。
> ● ホホジロザメは世界中の海に広く分布し、水深5mほどの表層か300m以深に生息する。

◯ ホホジロザメの生息深度

ホホジロザメは、沿岸の表層域から陸棚の海底域300～500mに生息している。そのほかの水深による分布では、メジロザメやホホジロザメなどの沿岸表層に住むサメや、ネコザメなど沿岸底層に生息するサメが全体の45％を占める。

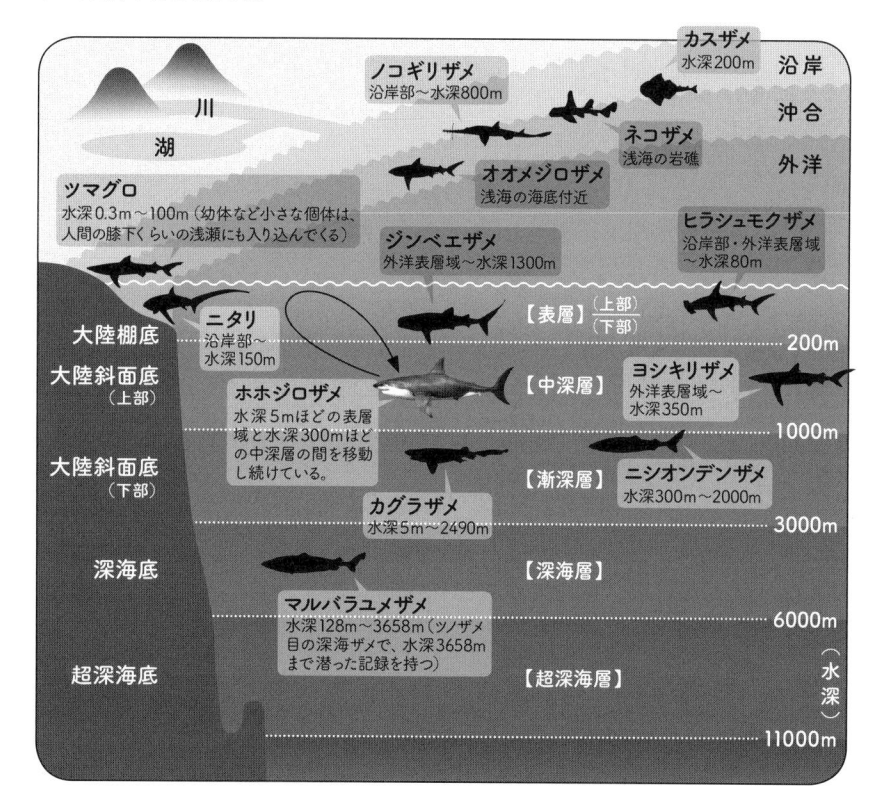

海域	深度帯	種と生息域
沿岸／沖合／外洋		カスザメ 水深200m／ノコギリザメ 沿岸部～水深800m／ネコザメ 浅海の岩礁／オオメジロザメ 浅海の海底付近／ツマグロ 水深0.3m～100m（幼体など小さな個体は、人間の膝下くらいの浅瀬にも入り込んでくる）／ジンベエザメ 外洋表層域～水深1300m／ヒラシュモクザメ 沿岸部・外洋表層域～水深80m
大陸棚底	【表層】上部／下部	ニタリ 沿岸部～水深150m／ホホジロザメ 水深5mほどの表層域と水深300mほどの中深層の間を移動し続けている。
大陸斜面底（上部）	【中深層】	ヨシキリザメ 外洋表層域～水深350m
大陸斜面底（下部）	【漸深層】	カグラザメ 水深5m～2490m／ニシオンデンザメ 水深300m～2000m
深海底	【深海層】	マルバラユメザメ 水深128m～3658m（ソコザメ目の深海ザメで、水深3658mまで潜った記録を持つ）
超深海底	【超深海層】	

水深: 200m／1000m／3000m／6000m／11000m

ほかにヨシキリザメなどの外洋表層のサメが2％。沿岸や外洋、どこにでもいるウバザメなどが2％。残りが深海ザメと言われる種で、水深200mから深くへ続く大陸棚斜面に棲むユメザメなど。こちらは意外に多く全体の51％を占める。

では、ホホジロザメの生息域はどこか？

ホホジロザメは温帯の日本近海はもちろん、太平洋、大西洋、インド洋、地中海の熱帯から寒冷海域まで広く分布している。通常は沿岸の表層域にいるが、外洋域にも進出する。外洋では水深5mほどの表層か300m以深の中深層で過ごし、その中間層にはとどまらないという。

ホホジロザメの住処

サメの回遊
世界中の海を旅するサメたちの大移動

特定の外洋性のサメは定住せず、季節ごとに移動する性質を持つ。

その目的は、危険を避けるためや餌の確保、繁殖のためなど多岐にわたる。

現時点の研究では、方位を認識しているのか、何かの匂いをたどっているのか不明であるが、サメには高い位置認識能力が備わっているのがわかる。

ホホジロザメも回遊するサメの一種だ。アメリカ西海岸とハワイとの間を回遊する個体もいれば、南アフリカからオーストラリアという長距離を、インド洋を横切って移動する個体もいる。

ただ、長い回遊を行なう南アフリカの個体はオスであり、メスはあまり移動しないという。これは遺伝的多様性を保つためにわざわざオーストラリアまで回遊し、多くのメスとの間に仔を成すためと考えられている。

回遊を繰り返すサメはほかにも存在する。太平洋のヨシキリザメは、通常オスとメスが北と南に分かれて生息し、繁殖期に中間地点へ至って交尾する南北移動を行なっている。一方、大西洋のヨシキリザメは、北米とヨーロッパの間、約1万8000kmの距離を15か月かけ、メキシコ湾流に乗って周回していると考えられる。ただし、ホホジロザメとは異なり、もっぱらメスが回遊を盛んに行なっている。

ジンベエザメやウバザメ、メガマウスなど大型のプランクトン捕食型のサメも回遊しているらしい。

サメの事件File ❹
瀬戸内海ザメ事件

1992年3月8日、日本でもホホジロザメによる獣害事件が起こる。

潜水服をまとって海中に潜り、タイラギ漁を行なっていた潜水夫が、海面に待機する支援船に救助を求めた。すぐに引き揚げられたものの、すでに潜水夫の姿はなく、切り裂かれた潜水服とヘルメットが上がってきたのみであった。

その後の調査で、襲撃したのはホホジロザメと判明。この事件によりホホジロザメが瀬戸内海に回遊している可能性が高まり、日本はサメパニックとなった。

Point!
- いくつかの外洋性のサメは回遊する性質を持つ。
- 回遊の目的は、生殖、餌の確保などとされる。
- ヨシキリザメのなかには約1万8000kmもの距離を回遊する個体もいる。

● 高回遊性サメ類の回遊

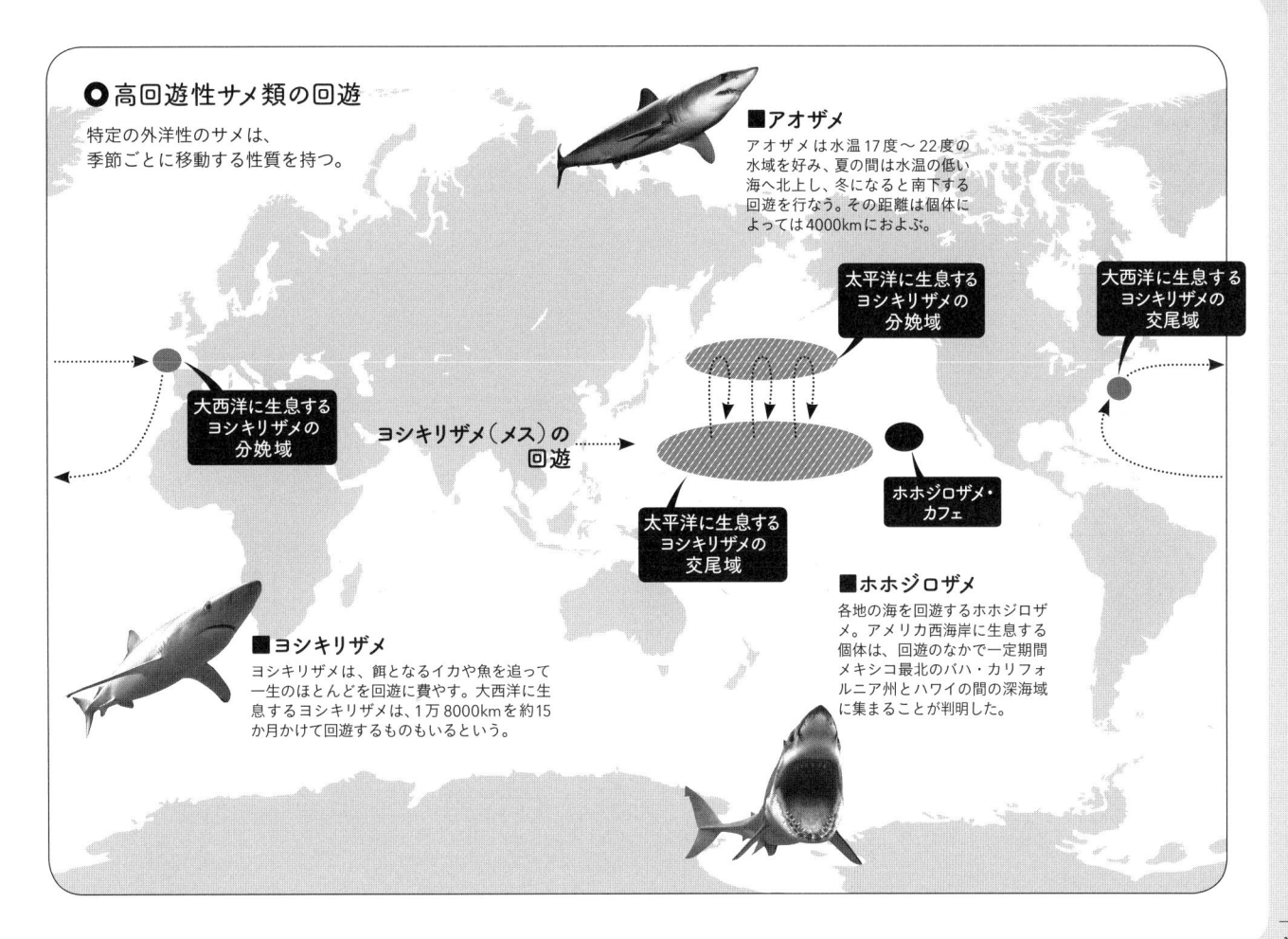

特定の外洋性のサメは、季節ごとに移動する性質を持つ。

■ アオザメ
アオザメは水温17度〜22度の水域を好み、夏の間は水温の低い海へ北上し、冬になると南下する回遊を行なう。その距離は個体によっては4000kmにおよぶ。

太平洋に生息するヨシキリザメの分娩域

大西洋に生息するヨシキリザメの交尾域

大西洋に生息するヨシキリザメの分娩域

ヨシキリザメ（メス）の回遊

太平洋に生息するヨシキリザメの交尾域

ホホジロザメ・カフェ

■ ヨシキリザメ
ヨシキリザメは、餌となるイカや魚を追って一生のほとんどを回遊に費やす。大西洋に生息するヨシキリザメは、1万8000kmを約15か月かけて回遊するものもいるという。

■ ホホジロザメ
各地の海を回遊するホホジロザメ。アメリカ西海岸に生息する個体は、回遊のなかで一定期間メキシコ最北のバハ・カリフォルニア州とハワイの間の深海域に集まることが判明した。

サメの回遊

サメの社会

群れや縄張りを形成し独自のルールを持つサメの世界

　水族館の水槽でサメとほかの魚が混泳しているのを見て、サメがほかの魚を食べてしまうのではないか、と考えたことはないだろうか？

　しかし、実際にサメが水槽内で捕食に走る姿を見るのは稀である。実は水槽という密閉された世界でも自然界と同様、サメを高次捕食者とする社会構造が形成されているのだ。

　海のなかでも同じ種のサメが群れる姿はたびたび見られ、サメが一定の社会性を身につけていることがわかる。

　では、ホホジロザメはどの程度の社会認識を持っているのだろうか。

　摂餌場においては、大型個体と中型個体が遭遇すると、中型個体が道を空けることが観察されている。同種内での大きさによる優劣が認識されているようで、餌場における行動圏も制限されているようだ。

　サメが群れという社会を形成する理由はほかにもある。ネムリブカは日中、洞窟などで群れになって休んでいるが、これは危険を効率よく察知し身を守るためである。

　縄張り意識の強いオグロメジロザメなども、集団で侵入者に敵対行動をとり身を守る。また、集団でいることにより、交尾をするチャンスが増え、繁殖の効率化に繋がっている場合もある。

群れをなして餌をあさるコモリザメ。

Point!
- 水族館の水槽ではサメを頂点とする社会構造が形成されている。
- ホホジロザメは個体間の大きさに基づく優劣を認識している。
- サメのなかには身を守るために群れを形成する種もある。

● サメの社会とホホジロザメの社会性

ホホジロザメは知能の低い捕食者ではなく、一定の社会性を持っているようだ。

群れを作る

ホホジロザメは単独行動を行なうことが多いが、2尾で行動することもある。ネムリブカのように常に群れを作って生活するサメもいる。

学習能力を持つ

ホホジロザメは狩りの際に失敗を活かして次の狩りを行なう学習能力を持つとされる。また、ニシレモンザメやペレスメジロザメなどは、特定の音や動きを覚え、餌と餌以外のものを見分けられるようになる。

群れのなかに序列を持つ

ホホジロザメは餌場において集団を作り、主に体の大きさによって優劣関係を築く。

縄張りを持つ

ホホジロザメの縄張り意識については不明である。一方、縄張りの存在は明確ではないが、オオメジロザメやオグロメジロザメは接近する人間や動物に対し、追い払おうとする動きを見せる。そうした一部のサメはおかされたくはない「個の空間」を持っているともいわれる。

ホホジロザメの天敵

海の王者ホホジロザメの天敵はシャチと人間

　ホホジロザメは海の生態系の頂点に位置するかのように見えるが、さらに上を行く天敵が存在する。それが「シャチ」である。

　最大でも全長6mのホホジロザメに対し、シャチは全長9m、体重5.5tに達する。ホホジロザメの泳ぐスピードは最高時速35kmとされるが、シャチは時速48km。つまり、ホホジロザメはシャチのフィジカルに到底かなわない。加えてシャチは賢く、群れを組んでサメを襲うのだ。

　シャチにとってホホジロザメは、筋肉質の体と脂肪の多い肝臓を持っているがゆえに、特に御馳走なのだという。

　カリフォルニア沖のファラロン諸島の近海で、シャチの群れがホホジロザメをビーチボールのように空中に投げ上げて海面に叩きつけ殺す光景も目撃されている。シャチに子がいる場合、危害が及ぶ前に積極的にサメを駆除するという事例もある。また2014年には6頭のシャチが、熱帯地方でもっとも恐れられているイタチザメを狩る姿も撮影されている。

　だが、シャチよりも速いスピードであらゆるサメの個体数を減らしていく恐るべきハンターがいる。それは人間だ。

　サメの肉を求めるだけではなく、ヒレを高級食材とし、皮や肝油などを採取する目的で乱獲された過去もあり、多くのサメがレッドリストに載ることとなった。

　もちろん、漁の際に混獲されてしまう例もあるが、人間によってサメが激減していることは事実である。

海の食物連鎖の頂点に君臨するシャチ。魚類の王者であるホホジロザメの能力をもってもかなわない。

Point!

- 海中においては、シャチの能力がサメを凌駕する。
- ホホジロザメやイタチザメがシャチに食べられる例もある。
- サメの最大の天敵は人間である。

●海中の食物連鎖

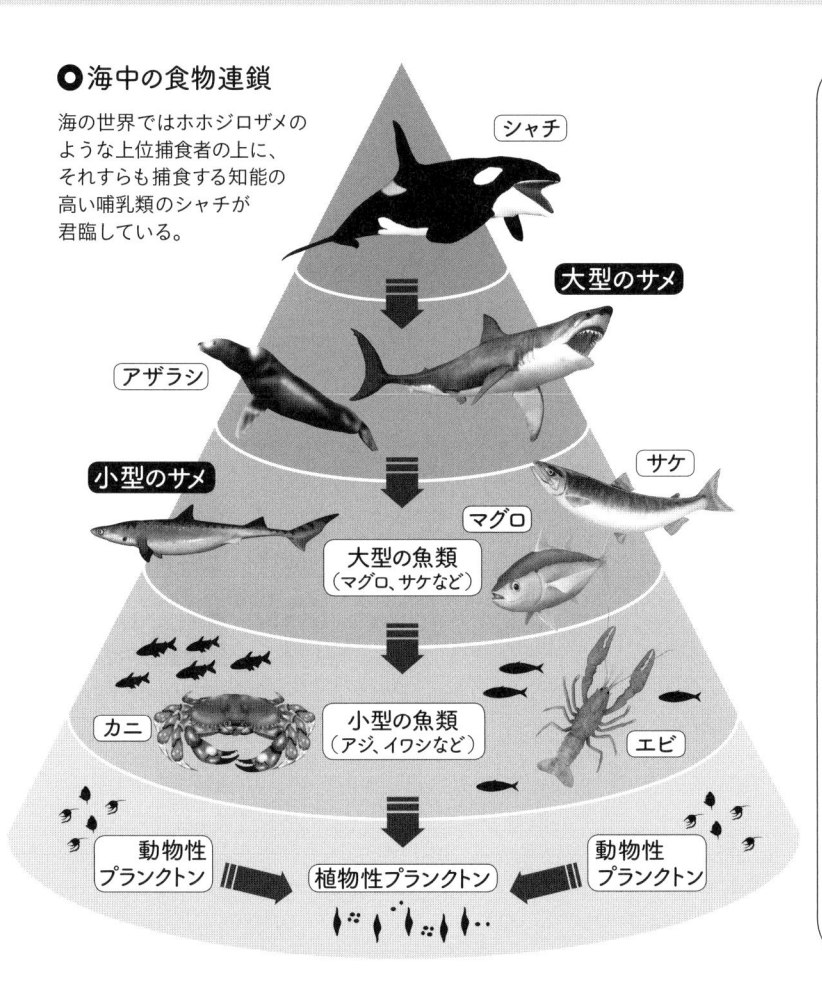

海の世界ではホホジロザメのような上位捕食者の上に、それすらも捕食する知能の高い哺乳類のシャチが君臨している。

- シャチ
- 大型のサメ
- アザラシ
- 小型のサメ
- サケ
- マグロ
- 大型の魚類（マグロ、サケなど）
- カニ
- 小型の魚類（アジ、イワシなど）
- エビ
- 動物性プランクトン
- 植物性プランクトン
- 動物性プランクトン

●サメが身を守る方法

捕食者に対しサメは様々な手段で身を守っている。

❶ 棘で守る!
オロシザメやネコザメなどは背ビレの前方に鋭い棘を持っている。

❷ 集団で守る!
ネムリブカは日中の間は珊瑚礁や岩の間に密集し、警戒しながら身を潜める。

❸ 膨らんで守る!
ナヌカザメは危険を感じると水を飲み込んで膨れ上がり、相手を威嚇する。

❹ 隠れて守る!
トラフザメやオオセなどは、周囲に溶け込む体色を利用して隠れ潜む。

ホホジロザメの天敵

サメの寿命
ホホジロザメはどれくらい長生きできるのか？

　一般的に、生物の種は体が大きいほど寿命が長い傾向がある。大型種の多いサメも例に漏れず、魚類のなかでは長命を誇っている。

　通常、魚の年齢は鱗に刻まれる年輪を読み取り算定される。しかし、特異な形の楯鱗を持つサメの場合は、脊椎骨の断面に見られる年輪を測定し算定されてきていた。それによると、サメは平均25歳ほどで寿命を迎えるという。

　トラザメなどの小さくて成長の早いサメでも12年は生き、成長の遅いアブラツノザメなどは76歳まで生きた記録があり、最大の魚類であるジンベエザメに至っては、その寿命は100歳を越すといわれ、150歳に達するという説もある。

　では、ホホジロザメはどのくらいの寿命をもっているのだろうか。

　近年導入された最新の放射性炭素年代測定法によると、北西大西洋に、73歳もの長命のオスのホホジロザメが発見された。また、メキシコのグアダルーペ島周辺の主として知られる世界最大級のメスのホホジロザメ、全長6.1メートル、体重2tの「ディープ・ブルー」の年齢は50歳といわれ、しかも2015年の段階で妊娠も確認されている。

　しかし、これが人間の飼育下となると、一転する。

　競争の激しい自然界と違い、餌も潤沢で危険のない飼育下においては小型のサメでこそ長生きする可能性はあるが、ホホジロザメなど大型のサメは飼育環境になじまず、餌を食べなくなってしまうのだ。そして、すぐに死亡してしまうことが多いという。

メキシコのグアダルーペ島付近で撮影されたホホジロザメ。周辺には「ディープ・ブルー」と名づけられた6.1mのメスのホホジロザメが生息し、その年齢は50歳とされる。

Point!
- サメの平均寿命は25年とされる。
- ジンベエザメのなかには100歳を超える個体もいるとされる。
- ホホジロザメは近年の調査により70歳を超える個体が存在することも判明している。

● サメの寿命ランキング

サメの寿命は、脊椎骨の断面に見られる年輪を測定することで知ることができ、平均25歳ほどで寿命を迎えるといわれている。しかしトラフザメなどは成熟が早い分、寿命も短い。
一方、成熟の遅いアブラツノザメは76歳まで生きたという研究報告があり、ジンベエザメは100歳を超えるといわれている。また近年導入された新しい測定法ではホホジロザメが73歳を記録した。

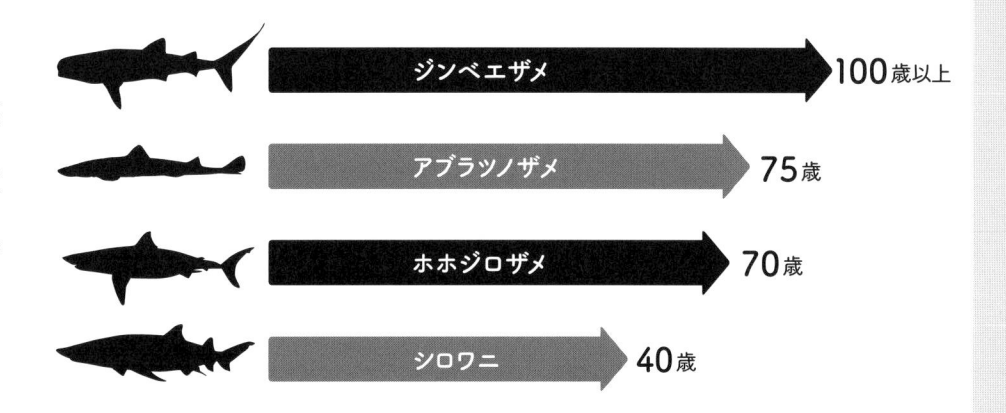

- ジンベエザメ 100歳以上
- アブラツノザメ 75歳
- ホホジロザメ 70歳
- シロワニ 40歳

● 絶滅が危惧されるサメ

海の上位捕食者として君臨してきたサメであるが、近年は人間の乱獲などによって寿命を迎える前に命を落とし、個体数を大幅に減らしている。

国際自然保護連合（IUCN）1044種のサメ、エイ、ギンザメのレッドリスト評価	
絶滅危惧IA類	ごく近い将来における野生での絶滅の危険性が極めて高いもの。 インドメジロザメ（Pondicherry shark）／ビザンツリバーシャーク（Bizant river shark）／ニューギニアリバーシャーク（New guinea river shark）／ダンガルパーシャーク（Dumb gulper shark）
絶滅危惧IB類	IA類ほどではないが、近い将来における野生での絶滅の危険性が高いもの。 ツマジロ（Silvertip shark）／ボルネオメジロザメ（Borneo shark）／スピアートゥースシャーク（Speartooth shark）／スムーズバック・カスザメ（Smoothback angelshark）
絶滅危惧II類	近い将来「絶滅危惧I類」のランクに移行することが確実と考えられるもの。 ジンベエザメ（Whale shark）／ホホジロザメ（Great white shark）／トラフザメ（Leopard（Zebra）shark）／オオテンジクザメ（Tawny nurse shark）／ウバザメ（Basking shark）／シロワニ（Sandtiger shark）ほか

写真クレジット

P002−P003 サメの群れ	Nature Picture Library / Nature Production / amanaimages	P070 ドチザメ	Alamy / アフロ
P004 ホホジロザメ	Pacific Stock / アフロ	P072 カリフォルニアドチザメ	Photoshot / アフロ
P004 イタチザメ	Alamy / アフロ	P074 ホシザメ	David B. Fleetham / シービックスジャパン
P005 ジンベエザメ	Reinhard Dirscherl / アフロ	P075 シロザメ	アクアワールド茨城県大洗水族館
P006 ホホジロザメ	robertharding / アフロ	P076 シロシュモクザメ	アフロ
P008−P009	kagii yasuaki / Nature Production / amanaimages	P078 アカシュモクザメ	F1online / アフロ
P010−P011	Hiroshi Takeuchi / MarinepressJapan / amanaimages	P080 ウチワシュモクザメ	Alamy / アフロ
P013 ホホジロザメ	Stephen Frink / CORBIS / amanaimages	P084 ネコザメ	広瀬睦 / シービックスジャパン
P018 アオザメ	Science Photo Library / アフロ	P085 ポートジャクソンネコザメ	Ardea / アフロ
P020 ウバザメ	Alamy / アフロ	P086 オデコネコザメ	Fred Bavendam / Minden Pictures / amanaimages
P022 ネズミザメ	Alamy / アフロ	P086 カリフォルニアネコザメ	David Wrobel / Visuals Unlimited / Corbis / amanaimages
P024 シロワニ	マリンプレスジャパン / アフロ	P088 カスザメ	マリンプレスジャパン / アフロ
P026 ミツクリザメ	Photoshot / アフロ	P090 ラブカ	NHPA / Photoshot / amanaimages
P028 メガマウスザメ	Bluegreen Pictures / アフロ	P092 エビスザメ	Alamy / アフロ
P030 マオナガ	imagebroker / アフロ	P093 エドアブラザメ	ZUMA Press / アフロ
P034 オオメジロザメ	Alamy / アフロ	P094 カグラザメ	Photoshot / アフロ
P038 イタチザメ	Bluegreen Pictures / アフロ	P096 ニシオンデンザメ	picture alliance / アフロ
P042 ヨゴレ	Masakazu Ushioda / アフロ	P098 フトツノザメ	Ardea / アフロ
P044 カマストガリザメ	Reinhard Dirscherl / アフロ	P100 ヒゲツノザメ	アクアワールド茨城県大洗水族館
P046 ヤジブカ	Pacific Stock / アフロ	P102 アブラツノザメ	Bluegreen Pictures / アフロ
P050 ガラパゴスザメ	Masakazu Ushioda / アフロ	P104 オキコビトザメ	Masa Ushioda / シービックスジャパン
P051 ペレスメジロザメ	Masakazu Ushioda / アフロ	P105 ヨロイザメ	NHPA / Photoshot / amanaimages
P052 ニシレモンザメ	Masakazu Ushioda / アフロ	P106 ダルマザメ	フロリダ自然史博物館
P054 ネムリブカ	Alamy / アフロ	P108 ユメザメ	独立行政法人海洋研究開発機構
P056 ヨシキリザメ	Masakazu Ushioda / アフロ	P109 フジクジラ	沼津港深海水族館
P058 ツマグロ	Alamy / アフロ	P110 オロシザメ	沼津港深海水族館
P060 ツマジロ	Science Source / アフロ	P112 ノコギリザメ	yasumasa kobayashi / Nature Production / amanaimages
P062 ナヌカザメ	中村庸夫 / アフロ	P114 ジンベエザメ	Reinhard Dirscherl / アフロ
P064 トラザメ	中村庸夫 / アフロ	P119 オオテンジクザメ	imagebroker / アフロ
P065 タテスジトラザメ	Bluegreen Pictures / アフロ	P120 シロボシテンジク	Bluegreen Pictures / アフロ
P066 ナガサキトラザメ	アクアワールド茨城県大洗水族館	P122 マモンツキテンジクザメ	Ardea / アフロ
P066 ヨーロッパトラザメ	Jelger Herder / Buiten-beeld / Minden Pictures / amanaimages	P124 トラフザメ	Mark Strickland / シービックスジャパン
P067 コクテンサンゴトラザメ	アクアワールド茨城県大洗水族館	P126 アラフラオオセ	Alamy / アフロ
P067 ニホンヤモリザメ	沼津港深海水族館	P128 クモハダオオセ	Bluegreen Pictures / アフロ
P068 タイワンザメ	アクアワールド茨城県大洗水族館		

参考文献

- 『サメの世界』仲谷一宏(データハウス)
- 『さかなクンの水族館ガイド(このお魚はここでウォッチ!)』さかなクン(ブックマン社)
- 『サメ―海の王者たち―』仲谷一宏(ブックマン社)
- 『世界サメ図鑑』スティーブ・パーカー著、仲谷一宏監訳(ネコ・パブリッシング)
- 『深海ザメを追え』田中彰(宝島社)
- 『サメ 軟骨魚類の不思議な生態』矢野和成(東海大学出版会)
- 『南日本太平洋沿岸の魚類』池田博美、中坊徹次(東海大学出版会)
- 『ものと人間の文化史 35 鮫』矢野憲一(法政大学出版局)
- 『サメの自然史』谷内透(東京大学出版会)
- 『サメのおちんちんはふたつ ふしぎなサメの世界』仲谷一宏(築地書館)
- 『サメ・ウォッチング』V・スプリンガー、J・ゴールド著、仲谷一宏訳(平凡社)
- 『鮫の世界』矢野憲一(新潮社)
- 『サメガイドブック 世界のサメ・エイ図鑑』A&A・フェラーリ著、御船淳・山本毅訳、谷内透監修(阪急コミュニケーションズ)
- 『サメ 巨大ザメから深海ザメまで』石垣幸二、中野秀樹(笠倉出版社)
- 『海のギャング サメの真実を追う』中野秀樹著、社団法人 日本水産学会監修(成山堂書店)
- 『原色魚類大図鑑』(北隆館)
- 『知られざる動物の世界 サメのなかま』山口敦子監訳(朝倉書店)
- 『鮫 the SHARKS』谷内透(ダイビングワールド社)
- 『こわい!強い!サメ大図鑑 海の王者のひみつがわかる』田中彰監修(PHP研究所)
- 『The Sharks もし、サメに襲われたら』鷲尾絖一郎(水中造形センター)
- 『サメとその生態(insiders ビジュアル博物館)』ジョンA・ミュージック、ビバリー・マクミラン著、内田至監修(昭文社)
- 『日本産魚類検索 全種の同定 第3版』中坊徹次編(東海大学出版会)
- 『日本動物大百科 5 両生類・爬虫類・軟骨魚類』日高敏隆監修(平凡社)
- 『FAO SPECIES CATALOGUE ― VOL.4, PART1 SHARKS OF THE WORLD』

監修 ● 田中 彰（たなか しょう）

1952年神奈川県生まれ。東海大学海洋学部海洋生物学科教授。日本板鰓類研究会副会長。専門分野は海洋動物学、資源保全生物学。駿河湾ほか、沿岸・深海域および熱帯の淡水域に生息するサメ・エイ類を中心に、それらの分布、繁殖、年齢・成長、食性、種間関係、豊度などの生態学的問題や、環境への適応現象などの生物学的問題について、調査・研究を続けている。主な著書に『深海ザメを追え』（宝島社）、監修に『サメ大図鑑』（PHP研究所）がある。

写　真	アフロ、アマナイメージズ、シーピックスジャパン、アクアワールド茨城県大洗水族館、沼津港深海水族館、独立行政法人海洋研究開発機構、フロリダ自然史博物館
イラスト	山寺わかな
デザイン	柿沼みさと
編集協力	株式会社ロム・インターナショナル

美しき捕食者 サメ図鑑（プレデター）

2016年3月7日　初版第1刷発行

監　修	田中 彰
発行者	増田義和
発行所	実業之日本社
	〒104-8233 東京都中央区京橋3-7-5 京橋スクエア
	電話　編集 03-3562-4041　販売 03-3535-4441
	http://www.j-n.co.jp/
印刷所	大日本印刷株式会社
製本所	株式会社ブックアート

©Jitsugyo no Nihon sha, Ltd. 2016 Printed in Japan　ISBN978-4-408-45588-4（学芸）

落丁・乱丁の場合は小社でお取り替えいたします。実業之日本社のプライバシー・ポリシー（個人情報の取扱い）は、上記サイトをご覧ください。
本書の一部あるいは全部を無断で複写・複製（コピー、スキャン、デジタル化等）・転載することは、法律で認められた場合を除き、禁じられています。また、購入者以外の第三者による本書のいかなる電子複製も一切認められておりません。